Power to the Edge

パワートゥ ザ エッジ

ネットワークコミュニケーション技術による 戦略的組織論

デヴィッド・S・アルバーツ
リチャード・E・ヘイズ
安田 浩 監訳

東京電機大学出版局

はじめに

技術の進歩と、その進歩を創造的な方法で社会に活かそうとする活動が相乗作用を起こし、それまで我々を悩ましていた制約を、ある決定的な時期に消し去ってしまう。人類が力（パワー）を身につけてきた歴史は、このようなことの連続だとみなすことができる。その結果、生産性は等生産量曲線全体が引き直されるほどの飛躍的な進歩を遂げる。現在もそのような変革が進行中であり、それはアメリカ合衆国の軍隊のみならず、すべての相互作用と協働活動を変革するものとなるだろう。本書は、このようなことを研究したものである。「パワートゥザエッジ（ＰＴＥ）」は、今後十年のうちに帯域幅の制約を除去して、我々を「大量の情報を共有するためには多くのことを知っていなければならない」という制約から解放し、時間的かつ空間的に相手に同期する要請からも解放し、さらに情報共有と協働において残された最後の障壁をも取り除くことだろう。

情報化時代の夜明けの到来は、「ムーアの法則」によって告げられた。計算に要するコストが減少するにつれ、我々は計算機資源の節約に注力することをやめ、計算機資源を浪費しはじめた。通信の帯域幅は依然として相対的に不足し、コスト高のままであったため、我々は処理能力を分散させる一方で、情報交換の頻度と性質を最小化した。ごく最近までネットワークの構築はあまりにも高価であったため、「メトカーフの法則」に織り込まれた価値創造の主張は実現されなかった。コミュニケーション技術における進歩は「ギルダーの法則」を生み、より頑健なネットワークを生み出す機会を提供した。通信の帯域幅が従来に比してより低コストとなり、広く利用可能になるにつれ、この帯域幅に上手く収まるように情報を処理できるようになるだけでなく、複数の個人と組織が相互に、直接かつ同時に情報へアクセスすることが可能となるであろう。我々はまた、個人の間の、あるいはグループ内でのより豊かで密度の濃いコミュニケーションを支援することが可能になるであろう。これらのことは、我々がスマート・スマート・プッシュ（smart smart push）的手段からスマート・プル（smart pull）的手段へ移行しながら、情報が広く行き渡ることが可能となるようなやり方に対する重要な潜在的意味合いを示唆している。我々は、情報を必要としていると考えられる人々に対し、情報を送りつけることで情報化時代をスタートした。当然、情報提供者はどの情報が誰にとって価値があるのかということを知ることに関して、より賢くあることが必要となった。さらに、コミュニケーションの行われるインフラストラクチャのハードウェア的側面において、どのようにそれらを利用すれば良いのかという点についても賢くある必要がある。ゆえに、スマート・スマート・プッシュなのである。加えて情報の提供者と受信者は、時と場所を申し合わせる必要がある。情報共有におけるこのやり方は、その時代における乏しいリソース、つまり演算能力、情報格納領域、そして通信帯域を節約した。

一斉同報送信（スマート・プッシュ、smart push）への移行は、二つのスマートのうちの一つ、つまり送信者がその情報を必要としているすべての人を知る必要性を取り除き、（モバイル受信端末を所有する）受信者が空間において同期する（つまりどこにいるかを送信者が意識しなくても良い）ことを可能にした。しかしながら「どの情報が必要なのか？」ということを知っておかなければならない点と、情報を必要とする人たちが時間において同期しなければならないという必要性は依然として残っている。一斉同報送信は通信帯域を節約する一方で、徐々にコストの下がりつつあった演算能力と情報格納領域を浪費する。Eメールサービスの降臨は、時間と場所の両方における同期に対する必要性を取り除いたが、どの情報が重要で情報の必要性に応じてどのように配信すればよいかを送信者が知っておく必要性は依然として残っていた。最後に、ネットワーキングとWebブラウザ技術の降臨は、我々を時間と空間の双方において同期しなければならない制約から解き放ち、かつ情報の所有者が、どの情報が誰にとって重要で、その情報をどのように伝えれば良いかを知らねばならない必要性を取り除き、スマート・プルへの移行を可能にした。それは本書で述べる「状況の共有」と情報化時代の指揮統制へのアプローチの前提となる「広範囲にわたる情報共有」を可能にする。これらの技術革新によって生まれた機会は、アメリカ国防総省やその他の場所で、すばやく任務を完遂するための新しい方法を模索している変革者によって追求され始める。最終的には、これらの「変革」の取り組みの成功は、能力を獲得して運営を支援する必要のあるビジネスのプロセスと同様、我々の戦闘行為と、そしてその他の国家安全保障の任務において、「情報」を取り込んで行く能力に直接的に関係することが分かるであろう。PTEの実現にあたって前提となるのは、我々の軍が必要とする情報と情報サービスによって利用される、ユビキタスで、安全性が確保され、頑健で、信頼でき、保護され、そして定常的に使える広帯域ネットワークである。我々のおまじないであるPTEによって、信頼できそして信頼に足る相互関係構築を促すネットワークによって、陸軍兵士、海軍兵士、海兵隊員、空軍兵士、そしてアメリカ国防総省の非戦闘員のすべてがつながるのがわかる。

高品質情報へのアクセス強化と、人為的境界や縦割り構造といった制約撤廃によって、アメリカ国防総省の人員により達成不可能なものはなくなるのである。私の組織（Secretary of Defense、NII）は、Global Information Grid（GIG）の構築に取り組んでいる。GIGは、近い将来人々が必要とする情報と相互のアクセスを可能にする政策方針、技術、プロセスそしてシステムを導入する。我々がこの取り組みに辛抱強く専念しているのと平行して、これらの情報能力によって生み出される機会を活用する革新的な方法を模索する必要がある。願わくば、本書が新たな指揮統制のコンセプトについての認識を向上させ、ひいてはさらに読者の一部がこの可能性について興味を持ち、（自ら）理解を深めるきっかけになれば幸いである。

近い将来、我々が成功するかどうかは「情報」と「関係」とを区別して考えることにかかっている。我々はいくつかの独占的情報提供者（への依存）から、情報市場へと移行していかねばならない。このように分けて考えることによってのみ、我々の軍隊が、それが直面する複雑な状況の理解のために必要な多様な視点と展望を有することを保証できるであろう。また、（情報）市場への移行によってのみ、我々は我々の情報収集および分析能力が状況の変化に対して動的に改革が進むことを保証できる。同様に、我々はプッシュ指向の情報配信プロセスからプル指向の情報配信プロセスへ直ちに移行する必要がある。これこそが、情報を必要とする多種多様な集団の要求を満たすただ一つの方法なのである。相互運用性に対する我々のアプローチも同様に変わっていく必要がある。進化し続ける技術にある速度が与えられ、我々はアプリケーションの標準を基盤とする手法からデータ標準的手法へ移行しなければならない。我々は、情報を活用する利用者に情報を相互交換する能力を維持する一方で、そのような情報交換において意味を持つアプリケーションを利用する機会を与える必要がある。

最後に我々は、個々のシステムと組織を超越するピアツーピアの関係および情報交換を支えることに多大なる注意を払う必要がある。このことによって組織のエッジを強化し、我々がすべてに対してとっている手法を変えることを可能にする。実際、ＰＴＥは我々が政策方針、組織、そしてプロセスを再考する上で自らを導くために選択した基本原理なのである。本書によって答えが得られるかどうかは明言しない。しかしながら、いくつかの刺激的なものの見方をもたらし、的を射た疑問を提起し、そして歩むべき道を示唆する。私は、読者が本書を読むために時間を割いて良かったと思ってくれることを願っている。

ジョン・スタンビット

ムーアの法則

シリコンベースの集積回路の回路密度が、ある曲線（単位平方インチあたりのビット数＝$2^{(t-1962)}$、ここでtは「年」を単位とする時間）に非常に良く従うという予測。すなわち与えられたシリコン基盤に格納可能な情報の量は、集積回路が発明されておよそ一年で二倍ずつ増えるというもの。半導体技術者であるゴードン・ムーアが一九六四年（その四年後にインテル社を共同創設）に最初に発表したこの関係は一九七〇年代後半まで続いたが、その後年二倍の伸びは十八か月ごとに二倍と減速した。

メトカーフの法則

ネットワークが持つ価値は、ネットワークのノード数の二乗に比例するという法則。『メトカーフの法則と遺産』の初版は一九九三年九月十三日にフォーブスより出版された。

ギルダーの法則

一九九七年に提唱されたこの法則は、コミュニケーションシステムの全通信帯域幅は一二カ月ごとに三倍になると述べている。

監訳者まえがき——日本文化の輝きのために

木の香りのする静かな佇まい、お客を迎える敬いの言葉、五感すべてを満足させる飲み物と料理、目を上げれば緑豊かな自然に癒される、正にわびとさびの世界。本当に生きていて良かったと実感できる時ではないだろうか。日本に生まれた事は本人の意図ではない。しかも意識のしっかりしない間に、お宮参りだ、初節句だ、正月だと連れ回され、そして極めつけは最初に聞く言葉が日本語と、日本文化を三つ子の魂として我々は意識下に頑健に植え付けられてしまっている。

二十世紀まで、そしてＷＥＢ社会が到来するまでは、我々は日本文化を世界に輸出しそれを謳歌することが出来ていた。近年、何となく世界における日本文化の位置付けに、かすかなかげりを感じ始めているのは私だけだろうか。何か大きな変革が迫っていて、とてつもなく厳しい文化淘汰圧が加わり始めたのではないかという不安が膨らんでいる。

その顕著な兆しは情報ビッグバン（情報大爆発）から始まる。アメリカ発のインターネットとその活用技術が日本に定着を始めたのは一九九〇年代中頃からである。一九九四年五月二日夜七時、ゴールデンタイムのニュースの中で、ＮＨＫがインターネット技術を五分間にわたって紹介したことはその顕著な現れである。この時以来、インターネットが急速に展開し、インターネット文化あるいはメール文化を知らない人は、駆逐されてしまったといっても過言ではない。

歴史の変革を感ずる時人は過去に事例を求める。情報ビッグバンに対応する事例は歴史上にはないのか。探し求める私の目に飛び込んで来たのが、「カンブリア紀生命ビッグバン」である。五億四三〇〇万年前のある日、地球を覆っていた濃密な霧が突然晴れ、海底も含め全地球が暗闇から決別した。十億年前から海底で蠢いていた動物は、この変化に敏感に反応し、三葉虫が最初に眼を持って世界に君臨した。有眼動物の無眼動物に対する優位性は絶対的であることは言を待たず、五億年間安定な進化を続けてきた動物の世界は、突然の嵐の前にたった五〇〇万年で様代わりし、無眼動物は完全に駆逐されてしまった。カンブリア地域産出のバージェス動物群化石は、眼を持った動物による淘汰圧がいかにすさまじかったかを物語ってくれる。

このカンブリア紀生命ビッグバンと同じ現象が今迫っていることを私は感じている。インターネット↓WEBなる世界中の情報へのアクセス手段が与えられたことは霧が晴れたことに匹敵し、検索エンジン、特に画像検索エンジンを得たことは世界中を見る眼（遠隔眼）を我々が持ったことに匹敵する。遠隔眼（WEB文化）を使いこなすアメリカ発文化の厳しい淘汰圧が加わり始めたことが、私の不安を引き起こした原因である。二十世紀「物」の時代から二十一世紀「知」の世界へ移り、時あたかも物理戦争から文化戦争への移行が言われているのは、正にこの遠隔眼淘汰圧の高まりと一致する。私の予測では、この文化戦争はおおよそ五十年で決着し、二〇三〇年頃にはWEBを使いこなせない文化は駆逐されてしまうであろう。

日本文化は「知の極地」であり、世界文化を豊かにするためにも駆逐されてはならない。そのためには厳しい淘汰圧を跳ね返し、熾烈な文化戦争に勝ち抜かなければならない。WEB世界での中心は現場（エッジ）であり、文化という環境では現場は一般大衆である。一般大衆が目覚めなければ文化戦争には勝ち残れない。本書は軍事指導書とも見られがちであるが、実は、軍隊だけではなく、国家・企業／生産・文化等すべての現場に力を与え、現場からの改革を力とするため指導書である。

皆様が本書に力を得て、一人が十人、十人が百人を意識改革させる中で、文化戦争における日本文化の勝利を勝ち取って頂きたく、訳者一同心血をこめて本書をお送りいたします。

平成二十一年一月

安田　浩　記

目次

図目次

序　文

本書は、「情報化時代の変革シリーズ」における最新の本である。また、ある意味において本書は、アメリカ国防総省の変革のビジョンとその達成のための手法との、相互の関連を網羅したものだ。本書の出版によって、読者は「情報化時代の変革シリーズ」を構成する数冊の本のみならず、これ以前にＣＣＲＰの資金提供によって出版された書籍すべてを網羅するリファレンスを手に入れたことになる。

情報化時代の特徴と、国家安全保障と軍事への示唆に関する基本的な情報は、三冊からなる「Information Age Anthology（情報化時代の変革シリーズ傑作選）」にまとめられている。また、先に出版され、多くの公的機関と独立系組織によっていくつかの言語で翻訳出版された「Network Centric Warfare（ＮＣＷ）」は、頑健にネットワーク化された軍がいかにしてその戦闘能力を顕著に向上させたのかという点に関する多くの理念について、その初期の詳細な相互関連性について説明している。ＮＣＷは指揮統制（Ｃ２）における変化と相まって、「情報」はどのように軍組織を変革するのかという点について述べている。

「Understanding Information Age Warfare」は、その議論において、協調作業と認知領域を導入することでNCW（における理解）を新たにし、さらに拡張する。また、NCWは様々な課題を明瞭に表現するための共通言語を提供し、詳細なNCWの概念フレームワークを構築していくための基盤を構築する。さらに、それらは変革のための道標を指し示すために利用可能な様々な尺度を特定する取り組みの始まりを告げる。

「Information Age Transformation」は、破壊的な革新と各種実験的活動のための条件を作り出すためのニーズを含むクリティカルパスとなる項目を特定しながら、変革の性質とプロセスに議論の焦点を絞る。

その他に、以下の二冊が変革の本質的課題を取り扱っている。「The Code of Best Practice for Experimentation」は、過去の豊富な具体的事例を厳選し、これらの取り組みに従事する人々に指標を与えてくれる。「Effects Based Operations」は、ネットワークセントリックな組織およびプロセスと任務に期待される結果とのつながりを説明することで、NCWのバリューチェーンを網羅している。本書は作戦における根拠と手法にいたる疑問について答えてくれる。

本書「Power to the Edge（PTE）」は、ASD（NII）のジョン・ステンビットの求めに応じて書かれたものだ。彼は政策方針を作り、C4ISRにおける資金投入に関する決定を下し、そして現在進行している国防総省の各種プログラムと関連した活動の管理に利用されている基本原理のより広い理解を得たいと考えていた。ここでアメリカ国防総省の各種プログラムとその活動とは、ユビキタスで、安全で、人々が信頼して利用し、高品質の情報を配信し、認識の共有と協調作業の効率と、そして彼らの行動を同期させることを強化するために活用する広帯域ネットワークを提供するものだ。

これらそれぞれの書籍に書かれているように、我々の目標は読者に革新的なアイデアと手法についての認識を向上させ、議論を活発にすることである。本書がすべての疑問に答えてくれるとは言えないが、しかしここで語られるアイデアは読者の興味を喚起するに十分値すると強く確信する。

デビッド・S・アルバーツ

CCRPとは

CCRPとはコマンドアンドコントロールリサーチプログラム（The Command and Control Research Program）の略称であり、その使命は、情報化時代がもたらす国家安全保障への影響に関する理解を向上させることにある。最先端の、そして現状の指揮統制を改善することに焦点をおき、CCRPは先端技術によって生まれる機会を最大限にいかせるよう、国防総省を支援している。

CCRPは情報優位性、情報作戦、指揮統制理論、そしてそれらに関係した、与えられたミッションの効果と効率を改善する状況認識能力を我々が活用可能にするような作戦コンセプトに関する幅広い研究開発と調査分析プログラムを推進している。CCRPのプログラムの重要な側面は、作戦、技術、解析そして教育に従事するコミュニティ間をつなぐ架け橋として貢献できる能力にある。CCRPは指揮統制のあり方を模索するコミュニティに対し、以下の点で主導することができる。

・取り組むべき重要な研究課題の提示
・指揮統制インフラを強化するための取り組み
・一連のワークショップやシンポジウムへの資金支援
・指揮統制関連研究予算の管理機関としての機能提供
・一連のCCRP出版活動を含む対外的啓蒙活動

第1章　イントロダクション

二〇〇一年九月十一日の出来事は、冷戦という東西の対称的バランスの上に成り立っていた旧来の安全保障環境の残滓と、不確定かつ非対称な二十一世紀の安全保障環境の間の大きな節目を予感させるものだった。大量破壊兵器の大きさやそれを持つためのコストの指数関数的な縮小、それらの拡散、そしてより多様に結びつき相互依存している二十一世紀の世界は、不確かな安全保障の様相を呈し、そのリスクと課題は悪化の一途をたどっている。

　また同時に、軍隊と民間組織との対立が絡み合った状況に軍事行動が関係するにつれ、戦略レベル、作戦レベル、そして戦術レベルと様々なレベルでその複雑さが増大している。そして軍司令官は、軍の任務全般にわたる旧来の軍事作戦と国策が定める方針の狭間で、それらをうまく調整しなければならないという難問に直面している。軍事的な効果と政治的な効果の間の連携の必然性は、いまや現実のものとなっている。「効果主体の作戦（Effects-Based Operations, EBO）[1]」の概念は「効果」の意味を再定義し、軍事領域における効果をその他の領域の効果と明示的に結びつけるものである。

　にわかには信じがたいことだが、我々は間違いなく、重要な国益を守るための術がほとんどなく、必要な軍事行動を我々が実行するには、構造的に不完全で未熟な組織しか持ち合わせていないという危険な世界に生活している。なぜならば、軍の伝統的な構造や作戦に対する考え方が目前のタスクにうまく対応できるようになっていないだけでなく、変化し続ける状況に遅滞無く対応するために必要な俊敏性を十分に持ち合わせていないことに加え、顕在化しつつある「脅威」は変化し、進化し続けているからである。「俊敏性」は、二十一世紀における軍事力の最も重要な特徴の一つであることが明らかとなっている。俊敏性への道は情報の扱い方にかかっている。本書では、（今までなかった）非対称な脅威を取り除く（あるいは「防ぐ」「解消する」）ために必要な俊敏性を生み出すために軍事力をどのように構成し、鍛え、そしてそれを役立てる上での基本的変革を情報化時代の技術がいかに可能にするのかという点に焦点を当てている。最も著名な軍事歴史家の一人であるマーチン・ファン・クレフェルトは、安全保障環境があまりにも劇的に変化しているので、我々の知っている現在の軍隊はほどなく時代遅れとなり、質的に異なる組織へと置き換えられるだろうと主張するに至った(2)。

情報の力を活用する

「情報化時代」が富と権力の構造を変化させるとき、安全保障環境の著しい変貌がやってくる。情報化時代は、「情報」というものを平凡な商品から「金のガチョウ」のように変質させていく。この「金のガチョウ」は、わずかなコスト、あるいはコスト無しに情報そのものとその価値を複製し、何倍にも増やす。情報化時代はまた、実質的に無制限の帯域幅という夢を、今後十年のうちに確実に実現するかと思わせるほどの勢いで、コミュニケーションのコストを指数的に縮小させている。

情報化時代の到来は、我々が直面する課題に立ち向かう新しいタイプの力の源を活用する機会を与える。それこそがまさに、国防総省の変革の意味するところである。国防総省の変革は、我々に新たな方向を与えようとしている。顕在化しつつある将来の任務に我々の注意を向け、情報化時代の概念と技術を活用した戦術を採用し、そして我々が情報化時代に対応した組織となるようにビジネスプロセスをも変えていく。変革とは、すなわち情報化時代への継続的適応を意味する。ネットワークセントリック的戦争（Network Centric Warfare, ＮＣＷ）に関する議会への最近の報告書は、「ＮＣＷは国防総省における情報化時代の変革以上のものである」という要約文章で始まっている。[3]

軍隊がいかに情報から力を生み出し、それを活用できるのかを初めてわかりやすく論じた『ネットワークセントリック的戦争[4]（原題 *"Network Centric Warfare"*）』の刊行後三年もたたぬうちにこの報告書が発表されたという事実そのものが、我々が感じている変化の早さそのものであると言えるであろう。その間、さらに数冊の書籍[5]と非常に多くの論文[6]において、この話題が探求されてきた。また、国防総省へ「ｎｅｔ」を提供し、情報を流通させ、そしてそれらを防御することで情報基盤を高度化するための予算が増額されてきた。[7]さらに以前にもまして、相互運用性について配慮されるようになってきた。ボスニア、コソボ、アフガニスタンおよびイラクの戦場は、ネットワークセントリック性の優れた価値概念へさらなる裏付けを与えた。[8]二〇〇一年二月に出版された *"Joint and Service experiments"*[9]では、ＮＣＷあるいはネットワークセントリック的作戦（Network Centric Operation, ＮＣＯ）の教義を表面的にも実質的にも探求することに焦点が当てられた。しかしながら、ネットワークセントリック性へ向けたこのような活発な活動や議論の余地がないほどの進捗にもかかわらず、多くの人がNCWやNCOの軍事組織における真に重要な意味をいまだに理解していない。

NCOへの道は一つではない。しばしば「近代化」と呼ばれる一つの方策は、もっとも直接的でかつ成果も明示的に約束されているものだ。この進め方は明らかに、国防総省の制度とその大部分のメンバーにとって、しっくりとくる取り組みやすい方法である。しかし、残念ながらこの進め方は現状の漸進的改善でしかなく、行き着く先は結局のところ行き止まりである。達成された進歩がいかに目覚ましいものであったとしても、ネットワークセントリック性の有する潜在的高みに届かないばかりか、より重要なのは、二一世紀の任務が抱える課題に対応することすらできないという点である。変革に対する高いレベルの確約にもかかわらず、多くの人はまさにこのような逐次的なやり方を辿ってきた。もう一つは、ほとんど誰も通らない道（実際には多少なりとも可能性のある道に見えるかもしれないが）で、すべての軍事組織とプロセスの中核である指揮統制（Command and Control，C2）の破壊的変革へと繋がっている。この指揮統制は、一九世紀中頃に早くも始まっていた。[10]そしてこの変革では、ただちに実行に移せる知識へと情報を変換する指揮統制に焦点をあてる必要がある。C2の変革がなくても、我々は目前に立ちはだかる課題に対応することができるかもしれない。指揮統制における変化によって、我々はひとつの組織的特徴に達する好機を得ることになる。その特徴は、将来において獲得の見込める「俊敏性」のために、我々にきっと役立つものだ。

パワートゥザエッジ（PTE）

この本の目的は、以下の諸点を説明することにある。なぜ我々がこれまで経験したことのないやり方をとらねばならないのか。なぜ現在の指揮統制の概念、組織、仕組みが直近の課題に対応できるレベルにないのか。そして、指揮統制と必要とされるそのサポートシステムへのアプローチを提示することもその目的である。このアプローチは、パワートゥザエッジ（Power to the Edge, PTE）と呼ばれる。

PTEとは、個々人、組織そして仕組みが互いに関連し作用する方法を変えることである。PTEは、（作戦環境に対して影響を及ぼしたり、結果をもたらせるようそのような環境に関わりあっている）組織のエッジ（末端）における個人への、あるいはシステムの場合は末端デバイスへの権限委譲に深く関わっている。権限委譲はエッジによる各種情報へのアクセスを拡張し、エッジへの不要な（押し付けがましい）圧力を取り除くことを意味する。例えば、権限委譲するということは、役に立つ情報や専門技術へのアクセス手段や機会を提供することであり、また、従来、有意性のある情報がない状況で部隊間の（作戦行動の）事前調整に必要とされていた手続き上の制約を排除することでもある。

「権限をエッジへ委譲する」方向性は、組織構成要素間（peer-to-peer）の相互作用を大きく高めて、「エッジ型組織」を導入することを意味する。エッジ型組織はまた、上級隊員が自らをもエッジに配置する役割へ移行させる。言い換えれば、エッジ型組織はしばしば、制約を管理して達成目標を死守することを役割とする中間管理職の必要性を縮小する。これによって、指揮と統制を分離することが可能となる。司令官は以下の項目の実行により、勝利を収められるような初期条件の設定と、統制の実行について責務を負うようになる。すなわち、

・組織横断的な調和の取れた統制の意図を生み出すこと。
・人的・物的資源の割り振りを動的に実施すること。
・戦闘中の軍隊が自らに対して必要な権限を与える交戦規則と別の統制機構を構築すること。

ＰＴＥが戦争に関連するすべての領域[11]で完全に達成されたとき、ＮＣＷが完全に成熟した形、すなわち「自己同期化」する能力を実現するための前提条件がととのったこととなる。

効果的な自己組織化というものは、必要な条件（例えば状況認識の共有、調和の取れた指令意図、専門的能力、そして信頼）さえ整えば、過去においても可能であった（例えばトラファルガーの海戦に関する本書の議論を参照のこと）。しかしながら、交錯する情報の中で相互に協力し合わなければならないという状況は、一般に状況認識の共有や調和した指令意図の達成を非常に困難にする。

ＮＣＯを実行し、自己同期化する軍隊の能力は、任務の効果と軍の俊敏性に密接に関連している。軍隊の俊敏性は頑健性、つまり広範かつ多様な条件や環境にわたって効果を維持する能力に関係する。すなわちＰＴＥが完全に実現されると、組織の能力のみならず組織の性質そのものの変革が達成されることになる。

アメリカ国防総省における組織上・運用上の基本原則としてＰＴＥを採用することは、我々が二一世紀における軍事的優位性を維持するためにまさに必要なことなのである。我々が直面している安全保障上の課題と我々が活動しなければならない環境の変化に伴い、「アメリカ軍がゲームのトップに君臨するべきだ」と多くの人が考えたときから、我々はそこに向かって突き動かされている。ＰＴＥ

は軍事作戦に伴って増大する不確実性、不安定性、そして複雑さに対処するために生まれた対応方法といえる。これは軍事領域に固有の問題ではなく、[12]工業化時代から情報化時代への変革のために不可欠なことでもある。我々がＰＴＥと呼ぶ原理は、実はＮＣＷに元々内在するものではあるが、その教義の文脈において十分に説明されているとは言えない。情報化時代をいかに生き延びるかという問いへの答えであることが徐々に認識されるに伴い、ＰＴＥは最近、至る所で語られ始めた。[13]それらの文献では、ＰＴＥは工業化時代の崩壊と、組織と経営の解決策として語られている。

本書の構成

本書は、指揮統制の本質についての議論から始まる。ここではその定義を行い、あらゆる軍事作戦において実行されなければならない永続的な機能を確認しながら、指揮統制の本質について明快な説明を行う。あらゆる目的と状況に適するようなたった一つの指揮統制へのアプローチはいまだに存在しないため、長い歴史の中でそれぞれの時代の軍隊は、自らの軍隊を指揮し統制する様々な方法を、その度合いを様々に変えつつ採用していた。これらのアプローチのうち、最も成功した代表例を眺め、その意味するところを議論する。

指揮統制の議論に続き、工業化時代の軍隊がもともと有する特性、そして情報化時代に必要とされる「相互運用性」と「俊敏性」の水準を高めることができない理由について考察する。工業化時代は、戦争の性質や進め方、そして軍の組織という点について意義深い影響をもたらしてきた。情報化時代の直近の時代としての工業化時代の指揮統制のあり方は、現在の我々の出発点を意味しており、必要とされる変化の本質を確認し理解するための基盤を与えてくれる。工業化時代の軍隊と指揮統制の特性に関する議論は、情報化時代の任務と環境に対するそれらの適応性を吟味するための土台となる。その後、工業化時代の軍隊が優位性を維持しようとする姿勢を、二一世紀の安全保障環境における複雑性・不確定性・リスク、そして流動性への対応のための能力の有る・無しという観点で吟味していく。

情報化時代の技術および情報化時代の軍隊に必要とされる特性に関連する変化の本質、特に任務が直面するあらゆる課題全般にわたって対応するために必要な指揮統制能力がどういうものかを述べ、詳しく議論する。特に、すべての任務あるいは任務群の枠組みを超えて必要とされる、相互に関係した軍隊の二つの特性は、情報化時代において重要である。それらは「相互運用性」と「俊敏性」である。これらの重要な特性については、それぞれ個別の章で扱う。

二十世紀にあまねく理解されてきた指揮統制の概念は、単に戦争における「霧と摩擦」（＝不確定性とそれに伴う混乱）を事前に想定し、個別に戦略を立案するもの、という概念から進化してきた。情報化時代の技術は情報の経済学を劇的に変化させる一方で、新たな組織形態の形成と指揮統制へのアプローチを引き起こしつつある。ＰＴＥの理解に必要な（パワーとエッジの）基本的概念の説明により、読者が伝統的な軍事組織と指揮統制に対するアプローチについての議論を、情報化時代の観点から眺めることができるよう工夫をしている。そしてＰＴＥの議論はさらに続く。権限を中央から末端へ委譲し、直接的ではなく間接的統制を実現することの利点を、軍事組織とそれを支援するＣ４ＩＳＲの構造とプロセスへの適用方法とともに議論する。

ＰＴＥの原理を適用し実践するということは、必要とされるインフラの本質と能力、そして組織が採用している情報の活用方法に対して意味を持つだけでなく、任務能力パッケージ（Mission Capability Package, ＭＣＰ）[14]を構成する個々の要素群と国防総省の職務の側面においても意味を持つが、これらについて簡潔に議論する。そしてこの本は、現在の我々の立ち位置と、このような新しい指揮統制の手法が我々にとって役立つためになされねばならないことが何なのかという点について、いくつかの考察をもって締めくくる。

■ノート

(1) Smith, Edward. *Effects Based Operations: Applying Network Centric Warfare in Peace, Crisis, and War*. Washington, DC: CCRP Publication Series. 2003.
Hayes, Richard E, and Sue Iwanski, "Analyzing Effects Based Operations (EBO) Workshop Summary." PHALANX. Vol. 35, No1. Alexandria, VA: Military Operations Research Society. March 2002.

(2) Creveld, Martin van. *The Transformation of War*. New York, NY: The Free Press. 1991.

(3) *Network Centric Warfare Department of Defense Report to Congress*. Washington, DC. July 2001.

(4) Alberts, David S., John J. Garstka, and Frederick P. Stein. *Network Centric Warfare: Developing and Leveraging Information Superiority*. 2nd Edition (Revised). Washington, DC: CCRP Publication Series. 1999.

(5) Herman, Mark. *Measuring the Effects of Network-Centric Warfare*.Vol 1.
Office of the Secretary of Defense の Director of Net Assessment のために用意された技術報告書。 McLean, VA: Booz Allen & Hamilton. April 28, 1999.
Alberts, David S. *Information Age Transformation: Getting to a 21st Century Military*. Washington, DC: CCRP Publication Series. 2002.
Alberts, David S., John Garstka, Richard E. Hayes, and David T. Signori. *Understanding Information Age Warfare. Washington*, DC: CCRP Publication Series. 2001.

(6) 例えば以下の論文がある。

Garstka, John J. "Network Centric Warfare: An Overview of Emerging Theory." *PHALANX*. Alexandria, VA: MORS. December 2000.

Cebrowski, VADM Arthur K. and John J. Garstka. "Network-Centric Warfare: Its Origin and Future." *Proceedings*. Volume 124/1/1,139. Annapolis, MD: U.S. Naval Institute. January 1998. pp. 28-35.

Stein, Fred. "Observations on the Emergence of Network Centric Warfare." Proceedings for the 1998 Command and Control Research and Technology Symposium. Washington, DC: CCRP Publication Series. June 1998.

Leopold, George. "Networks: DoD's First Line of Defense." *Tech Web*. October 1997. http://www.techweb.com/wire/news/1997/10/1013dod.html. (Apr 1, 2003)

Brewin, Bob. "DoD Lays Groundwork for Network-Centric Warfare." *Federal Computer Week*. November 1997. http://www.fcw.com/fcw/articles/1997/FCW_110197_117lasp. (Apr 1, 2003)

(7) ASD (NII) CIO Homepage. Office of the Secretary of Defense.
http://www.c3i.osd.mil/homepage.html#goals. (Apr 1, 2003)

目標①人々が依存し信頼しているネットワークにおいて情報が利用できるようにすること。

目標②敵を駆逐するための新しくダイナミックな情報源を備えるネットワークを投入すること。

目標③敵の互角なアドバンテージを封じ、弱点を利用すること。

(8) Wentz, Larry, ed. *Lessons from Bosnia: The IFOR Experince*. Washington, DC: CCRP Publication Series. April 1998.

Wentz, Larry, ed. *Lessons From Kosovo: The KFOR Experience*. Washington, DC: CCRP Publication Series. July 2002.
Verton, Dan. “IT at the Heart of Dawned.” *Computerworld*. Mar 13, 2003.
http://www.computerworld.com/hardwaretopics/hardware/story/0,10801,79853,C0.html.（Apr 1, 2003）
Salkever, Alex. “The Network is the Battlefield” *Computerworld Online*. Jan 7, 2003.
http://www.businessweek.com/technology/content/jan2003/tc2003017_2464.htm.（Apr 1, 2003）

（9） Unified Vision 01:
http://www.jfcom.mil/about/experiments/uv01.htm（Feb 1, 2003）
Millennium Challenge 02:
http://www.jfcom.mil/about/experiments/mc02.htm（Feb 1, 2003）
Joint Expeditionary Forces Exercise:
http://afeo.langley.af.mil/geteway/jefx00.asp（Feb 1, 2003）
The Joint Mission Force: Transformation in the U.S. Pacific Command.
USCINCAPACJ3. White PaperV.1.0（DRAFT）February 2001.

（10） 19世紀後半から20世紀にかけて、人足や馬・牛といった動物の力をエンジンの力に置き換えたことこそが移動プラットフォームの強化による主たる革命をもたらしたとの議論もある。

（11） Alberts, *Understanding*. pp. 10–14.

（12） Alberts, David, and Daniel Papp. *Information Age Anthology, Volume 1: The Nature of the Information Age.*

Washington, DC: CCRP Publications. 2001.

(13) Robertson, Bruce, and Valentin Sribar. *The Adaptive Enterprise: IT Infrastructure Strategies to Manage Change and Enable Growth.* Santa Clara, CA: Intel Press. 2001.

(14) Alberts, David S. "Mission Capability Packages." Washington, DC: National Defense University Strategic Forum. Jan 14, 1995.
Alberts, *Information Age Transformation.*

第2章　指揮統制

「指揮統制（Command and Control, C2）」は、人員及び資源のマネージメントを意味する軍事用語である。[1]このC2は比較的最近の用語で、それまでは単に「指揮（コマンド）」と呼ばれていた。[2]「指揮統制」の概念は、政治や企業経営に先立ち、それらとは無関係に進化してきた。たとえば戦闘では遅延は許されない。時間に対する正確さにおける価値と、失敗したときの損害の甚大さという面で、その他の営みとはマネージメントの面で質的に異なるものだ。戦闘の持つこれらの特徴と、「霧と摩擦（不確定性とそれによる混乱）」[3]への深い関心が、C2に対する考え方を形成してきた。

指揮統制の定義

アメリカにおけるC2及び指揮の公式定義は、統合参謀本部発刊図書（JCS）[4]に見ることができる。JCS Pub.1（国防関係用語集）によると、「指揮」は「割り当てられた使命の達成のため、現有資源を効果的に利用し、軍事力の採用を企画し、組織、指示、調整、統制する責任。割り当てられた人員の健康、福利厚生、指揮、および規律を維持する責任も含まれる」とされている。この定義は、

「統制」が「指揮」に含まれることを前提としている。多くの人々によってこれら「指揮」と「統制」の間に線を引こうとする試みが幾度となくなされてきた(5)。例えば芸術（指揮）と科学（統制）、あるいは司令官の発するもの（指揮）と参謀の発するもの（統制）、といった分類などである。多くの議論は、たった一人が責務を負うような単一の司令官に焦点を置いたものだ。しかし現代の戦争における「指揮統制」では、実際のところ責任は分散されている。議論の多くは、伝統擁護、英雄崇拝、そして指揮統制に内在する永続的本質についての誤解、といったものに対する不条理な庇護により、ほとんどが的外れなものになっている。「C2」という言葉は軍事用語として神聖視されているにも関わらず、一貫性のない使われ方をすることが多い。「ネットワーク的戦争（NCW）」や「変革」という言葉が誤って使われて解釈されていることは注目すべき事実で、これは用語がまだ萌芽期にあることを示す。しかし、「指揮」という語は何千年もの昔から使われており、C2は工業化時代初期から半世紀以上にわたって使われている。

C2（指揮統制）の領域

C2という言葉がその意味するとおりの範囲を網羅すると、その要素は戦闘の4領域（物理・情報・認知・社会）すべてにまたがることになる。C2のセンサ、システム、プラットフォーム、設備は物理領域に属するものだ。「情報」を（戦闘で）収集・発信・入手・表示・処理・保存することは情報領域に属し、情報が意味するところを認識し理解することは認知領域に属する。情報の解釈と理解に影響を与える精神モデル・先入観・偏見・価値観や、そのためにどんな反応が起こるかを考慮することも認知領域にあたる。Ｃ２プロセス自体や人員の間の相互作用は組織や原則の基本を形作るものだが、これは社会領域に属する。

組織とその業務運営におけるパワートゥザエッジ（ＰＴＥ）の原理の適用は、第一に認知領域と社会領域におけるＣ２についてであり、他方、情報基盤におけるその原理の適用は、何を差し置いても物理領域・情報領域におけるＣ２への適用が主である。

永続的原理

個人のスキルとエネルギーを集約してあたらねばならないような任務を達成するために、個々人を集めることを可能にするのがＣ２である。Ｃ２が必要とするのは、単一の司令官でもなければとりまとめの役割を果たす幾人かの個人でもない。Ｃ２とは、達成すべき機能の集まりである。しかしながら、それを達成するには多様なやり方がありえる。従ってＣ２の「永続的原理」とは、軍事作戦の成功のための必要十分条件に関するもので、どのような方法で遂行するかではない。状況認識の向上と部下が効果的に働けるための様々なやり方を検討する責務は、司令官にある。状況認識は常に強化され、共有されねばならない。しかし、どの仕事を誰がこなし、どのように達成されるべきかは進化していかねばならない。

「職務を全うする」ということは、与えられたタスクやミッションの遂行以前に達成されねばならない事項と、ミッションを達成するためになされなければならないことが含む。「常に備えておく」ということは、任務遂行に先立って達成されねばならない機能である。第一に、予期される多様なタスクを完遂するために必要とされる特性を備えた組織の存在が大前提となる。この組織はポリシー、プロセス、そして手続きを有する。第二に、組織の構成要素は動機づけられ、教育訓練され、演習がなされなければならない。第三に、情報収集、情報共有および構成要素間および組織間の意思疎通のための規定が必要である。第四に、然るべきツールと装置を用意する必要がある。また、タスク着手以前に、業務の必要性と性質を明確にする必要がある。これは指揮の意図の形を取る。戦争とその効果主体の方向性に関する多様な要素の下では、指揮の意図は（合同軍の）複数の単位間、連合軍内、他機関との間、国際的組織間およびNGOの間で一貫しなければならない。(6)

任務遂行中、右に述べたような各組織は状況を理解し、即時的なやり方で対応できるように各種手段を配置・調整しなければならない。これらの機能は、状況あるいは指令意図の変化に応じて動的に調整されるような手段によって繰り返し実行される。状況の認識とは、動的な活動である。このことは、戦場のモニタリングと状況認識の強化に関する機能というものが連続的プロセスであることを意味する。(7)同様に、戦場のマネージメント、すなわち手段の最適化も連続的プロセスであることを意味する。

責任、権威および説明責任は、指揮統制の本質的特性である。効果的に責任の配分を行うことができない、責任と権威を一致させることができない、または個人と組織が常に根拠を持って行動する（または行動を慎む）ことのできないようであれば、C2や組織概念およびそのアプローチは機能不全をおこし、効力を低下させることになる。この種の誤謬は役割間の連携と欠落を生じ、軍事作戦では深刻な結果に繋がる。責任・権威・説明責任を組織と文化の作用（した結果）として論じた文献や、それらの考察が十分行われなかった結果として起こったことの記録には枚挙にいとまがない(8)。

要するに指揮統制の本質的原理とは、誰がどの任務をどのように達成するかではなく、それらの任務自体の性質なのである。過去においては、どのように任務を割り振るか、どのように任務を果たすかが伝統的に決まっている場合が多いのだが、それらが永続すると考えてはならない。

驚くことではないが、指揮統制の根本的な概念について、歴史的なメタファーやパラダイムに縛られずに再考しようという声がますます高まっている。情報化時代の指揮統制を模索するより多くの人々が、二十一世紀においてはこの用語の意味を厳密にした上で用いるべきだと考えるようになってきた。

ピジョーとマッキャン(9)は、近年、指揮統制の再概念化を提案した。彼らはこの中で、「指揮」と「統制」の相互依存を維持する一方で、それらを区別して定義している。興味深いのは、彼らは人員・軍備・手続きといったものを含めることで、単純な工学的フィードバックの側面を大幅に拡張するような「統制」の定義から始めていることである。「統制」とは柔軟性を制限するものであることから、「統制は代償を伴う」と述べている。彼らは指揮統制について、以下のような厳密な定義を与えている。

・統制（Control）＝「指揮」を可能にし、リスクを管理するために、指揮によって生み出される構造群およびプロセス群。

・指揮（Command）＝任務を遂行するために必要な人間意志の創造的な表現。

すなわち彼らは、「統制」を「指揮」の手段としている。彼らの定義によれば、「指揮」は組織内の誰もが行使可能なものだ。ピジョーとマッキャンは、この言葉の持つ潜在的な意味合いを明示的に強調し、重要性を認識している。[10] 言葉を変えると、個々の司令官に結び付けられた指揮の概念から広く分散させる指揮の概念へと移行する、まさにその一例を彼らは作ろうとしている。この分散する指揮の考え方は、平和維持活動では単一の指揮命令系統というものが存在せず、様々な登場人物が関係しているという認識の基に、〝*Command Arrangements for Peace Operations*（平和維持活動における指揮調整）〟の中で紹介されたものである。この考え方は平和活動以外へも一般化され、〝*Network Centric Warfare*（1999）〟における「司令官の意図」から〝*Understanding Information Age Warfare*（2001）〟における「指揮の意図」という用語への遷移とともに、文献において登場した。[11]

C2アプローチの範囲

初期の研究で最も重要な発見のひとつは、工業化時代においては、たった一つの最適な指揮統制の実現方法や哲学といったものは無いということである。我々はすでに、二十世紀において様々な軍事体制でうまく機能していた六種類の思想を紹介した文献を要約した二冊の書籍を発行してきた。[12] これらは特に、戦域レベルや作戦レベルでの指揮の中央集権化の程度に従って整理されている。その時代の資料の調査からわかる重要な点は、正しいＣ２アプローチは以下に示すような複数の要素に依存するということである。すなわち、

・戦闘の環境（静的（塹壕戦）環境から動的（機動戦）環境まで）
・部隊間のコミュニケーションの連続性（周期的なものから連続的なものまで）
・部隊と機能の間でやりとりされる情報の量と質
・意志決定者（指揮の全レベルにおける上級将校）の専門的能力
・部隊の意志決定者、特に下位の司令官たちが発揮し得る創造力と自発性の度合い

二〇世紀において成功した軍事組織には、六つの異なる思想が認められる。中央集権の度合いが高いものから低いものの順にそれらの組織を並べてみると、その順序は、作戦レベルの司令部から発せられる指令に基づく中央集権化の度合いを暗に示していることがわかる。最も中央集権化されたシステムでは、これらの指令は詳細な命令となる。すなわち、「何を」「いつ」「どこで」「どうやって」行うかの指示である。中央集権度の幾分低いシステムは、目的指向と呼ばれる。なぜならば、作戦レベルの指令が軍事目的を中心に編成され、「いつ」「どこで」「どうやって」という詳細についてはユニットに任されるためである。そして、最も中央集権度の低い指揮統制のアプローチがどのようなものかは、作戦レベルの指令本部が任務遂行の指令を発するという事実、すなわち各部隊への任務の割当てはするけれども、下部組織の責任においてそれをどのように達成するかについての決定は任せるという事実により識別することができる。具体的には、左記の６種類のアプローチに区別される。

①　周期型

② 割り込み型
③ 問題解決型
④ 問題提示型
⑤ 選択的統制型
⑥ 無統制型

周期型

周期型C2アプローチとは、定期的なスケジュールに基づいて中央司令部から詳細な命令を発するものだ。これは通常、交換すべき情報量に対して通信帯域が著しく限られており、作戦にあたる部門が相互に依存していて詳細に調整されなければならず、かつ下位の司令官とその部隊が（情報または専門的能力が得られないために）独立して創造的活動を実行する能力が無い場合に行われる。従って、彼らは柔軟性の欠如を補完するために、多大なエネルギーを注ぎながら計画に沿って行動することが期待されることとなる。周期型C2システムは、中央ですべての情報収集が可能で、上級司令官が最適の決断を行い、部隊へ詳細な指示とプランを送れるような、静的な戦闘状況に最も適している。

周期型C2は、第二次大戦中にソビエト軍によって採用された。これは密な情報交換に必要な通信システムの欠如、スターリンがすべての重要な決定を自ら行う権限を欲したこと、資源が限られていてその配置を最適化できるように中央管理することが必要と考えたこと、そして司令官と部隊が想像力を発揮するだけの専門スキルを持っていなかったことによる。[13] しかし、二十世紀に開発された航空任務指令（ATO）もまた、七二時間のサイクルと、戦域レベルの司令本部による航空機の「尾翼番号」による統制を基盤とする周期型である。その根本的理由は、主として軍の各構成要素間の緻密な調整と空中戦の複雑な性質、すなわち偵察部隊との連携、戦闘空間の準備、防空調査、自軍の防衛、援護、電子戦支援の提供、攻撃作戦の実行、空中給油、固定翼・回転翼機の調整、捜索・救助作戦の実施、そして戦闘損失の調査などによるものだ。近年では、これらATOもオンコール任務を生み出し、潜在的標的にも対応するために飛行経路の変更に対応できる能力を増大させることで幾分柔軟になってきた。しかしながらATOは、（執筆時点では）依然七二時間サイクルで機能している。

割り込み型

割り込み型モデルは周期型C2のように、戦域レベルの司令部から具体的な命令を発行する。しかしこのモデルでは、不規則な周期で介入を行って与えられた指令を変更できるようなより強力な通信能力を持ち合わせており、特にチャンスや脅威が顕在化するときにはそうである。冷戦時代のソビエト軍においては、部隊の能力と通信システムの能力が時を経るに従って向上し、このアプローチに適応できるようになった。[14]

しかしながら、依然として中央司令部が作戦実行部隊へ命令を発し続けていたことに注意を要する。この実行のために、ソビエト軍はフットボールプレー、すなわち作戦タイプを作り上げ、それらを実行するため最適な方法について訓練する方法に依存していた。例えば、彼らはブレイクスルー作戦や挟み撃ち作戦、あるいは河川障害物を防御するための作戦など、理想的な実施方法を用意した。これらは本質的に、ソビエト連邦の軍構造を前提として軍事作戦を成功させる最適化されたやり方だった。これら「プレー」はソビエト軍事学校で教育され、ウォーゲームで詳細に復習し、その実践を通して訓練されてきた。アメリカンフットボールチームのように、軍の各構成要素は各プレーでの自分の役割を心得ており、その実行を繰返し練習した。このアプローチは革新性と柔軟性といった能力を欠くものの、軍を統制しプロセスを評価する手段と同じように、司令官に予想能力をもたらした。例えば、砲兵部隊は各作戦で自分達の待機すべき場所がどこかを知っている、兵站部隊は各作戦タイプでの任務を理解している、等である。ある意味では、「現代的」ＡＴＯは割り込み型の哲学に近いものがある。

問題解決型

二つのＣ2アプローチのうち、より中央集権化され、作戦レベルの司令部が軍の各構成要素に対してその目的を規定することに注力するやり方を「問題解決型」と呼ぶ。このアプローチは、下位の司令官に革新性と柔軟性を発揮する余地を与えているが、それは上級司令官の付与した制約の範囲内に限られる。このアプローチ（実際、アメリカ陸軍と海軍ではそれが普通であった）が採られる場合、目標が明確に示され、何を成すべきか、そしていつ（タイムスケジュールに対し、あるいは指示に対し）成されるべきかという一連のマイルストーンを伴う。また、より上位の司令部は、任務達成のために利用できる資源（部隊の要素、輸送手段等）に制約を課した。通常は、その制限について具体的な手引き（誰がどの道路を使い、誰がどのエリアの責任者か等）が与えられており、それが目標を定義し、選択を絞る助けになった。要するにこのアプローチは、上官の決めた制約の中で下位組織に課題を解決させようとする取り組みである。これは、成功したアメリカ司令官が、第二次大戦中になぜ上官の司令官のもとを訪問したり訪問を受けたりしていたかという理由を物語っている[15]。彼らは積極的に未来の任務の構想を練り、資源を得て、有利な制約条件を獲得し、制約を取り払っていったのである。

問題提示型

冷戦時代にNATOで行われていた指揮統制に関する調査によると、イギリスの将校が部隊に出した命令がアメリカのNATO司令官が出した同様の命令の三分の一の長さであったことという。これらの記録を調べたところ、どちらの命令も目的を中心に組み立てられていたが、イギリスの将校はより少ない指標と制約しか課していないことが明らかとなった。イギリス軍は一般に、使用すべき資源とスケジュール、そして権限の区分について最小限の情報のみを与えて、達成すべき目的を規定していた。不測の事態はいくつも見つかったが、それらの詳細については余り教えなかった。言い換えると、任務は部下に対して問題として与えられ、それをどうやって解決すべきかについては極力詳細を提示していないのである。このアプローチは「問題提示型」と呼ばれる。

第二次大戦における計画と作戦を調査した結果からは、アメリカの軍事組織は（時とともに実務上の経験を得るにつれ）問題解決型から問題提示型のＣ２に移行していることが推測された[16]。これはすなわち、指令を実行する全階層における能力と経験が増大することにより、計画における記述の詳細さの度合いが減少していったことを意味する。言葉を変えれば、より多くを部隊に任せるということである。ウエイン・ヒューズ（Wayne Hughes）教授はその名著『艦隊戦術（*Fleet Tactics*）』で、太平洋上の米軍駆逐艦の戦術は、日本軍との交戦の経験を積むにつれて単純なものから非常に複雑な配置に変わってきたことを指摘している。[17] このことは、C2アプローチの範囲を構成する一般理論と符合する。しかしながら、アメリカのドクトリンと実践方法は結局のところ変わらないままだった。というのも、おそらく重要な作戦に新しい部隊（訓練を終えたばかりの部隊）と司令官を絶えず投入し続けていたからであると思われる。

選択的統制型

指令の焦点が任務の本質に近づくにつれ、C2システムでは下位組織にさらに大きな責任が任される。選択的統制アプローチの最良の例は、現代イスラエル軍のシステムである。この手法では、戦域レベルの指令本部は勝利のための初期条件（非常に有能な部隊を提供して大まかな任務を与えること）を確立し、考慮すべき重大な脅威や気づいていないチャンスがないかを確かめるために、状況をモニタリングする。このアプローチでは、下位部隊が相当に高い能力を持ち、上位の司令部による彼らへの信頼が不可欠である。また、作戦行動ユニット自身が優れた情報と状況認識能力を持つことも必要である。要するにこのアプローチは、軍の各部隊が交戦と戦闘に勝利しながら、それらの戦果が積み重なって任務全体の達成に至るという一連の「局所最適化」に依存しているのである。

しかしながら選択的統制の考え方もまた、戦域レベルの各部隊が積極的に行動しないような状況が発生しうることを想定している。従ってこのアプローチは、部下が十分に能力を発揮できるようサポートする役目に徹すること、介入する場合は部隊が単独でうまく対処できる状況を逸脱するような大きな局面の変化が生じたときに限ることを自らに厳しく律することを上級司令官に対して要求している。このアプローチではまた、戦域司令官が介入を決定したときにのみ、新たな指令意図に対する迅速かつ効果的な応答に必要とされる規律を部下が示すことを想定している。

無統制型

無統制型のアプローチでは、戦域司令官の主要な役割は軍の支援をすること、すなわち任務達成の可能性を最大化し、勝利のために軍が必要とする情報と軍備を提供することで、これらは状況が変わるにつれ必要となる新しい情報と軍備を含む。工業化時代の戦史から読み取れる最も中央集権度の低い効果的なＣ２の思想が無統制型である。すなわち、下位部隊の司令官に対する実質的な自律性の付与である。これは、第二次大戦中のドイツ軍で採用されたものである。ヒトラーが軍の独裁的体制をとり始める以前の、特に大戦初期のドイツ軍部隊の司令官は巨大な裁量と決定権を与えられており、軍はそれら非常に有能な司令官たちによって率いられていた。ヒトラーが重視していた戦域における実際の運用が大戦初期とはかなり異なるものになっていたという事実があったとはいえ、戦争末期になってもこの思想はほぼそのまま残っていた。例えばアンツィオ上陸が行われたとき、幹部と共にイタリアで休暇中だった経験豊かな兵団の司令官は、上陸作戦を含む地域内の全ドイツ軍の指揮を執るよう命じられた。そして彼は見事にその任務をやり遂げたのである。

部下に十分信頼されている著名な司令官達はこれまで「無統制型のアプローチを採用していた」と各種文献に記されてきた。例えばダグラス・マッカーサー元帥が島伝いに進む作戦を立案し、フィリピンを奪還しようとしていたときに司令官のもとを訪れ、「私の行く手を日本の空軍が邪魔しないように」とだけ命じたとされている。これが唯一の命令で、部下はその任務をどのように達成するかを自由に決定できる権限を与えられた。同様に、上官から遠く離れたところにいる司令官は任務ベースの司令に応じて行動しなければならないのが歴史上常であった。このような例として思い起こされるのは、アルプスを横断しようとしたハンニバルや帆船時代のイギリス艦隊の艦隊指令などであろう。しかし、そのような無統制型のC2事例は歴史上にも稀であるし、電報や無線通信のお陰で上級司令官と連絡を保つことができるようになってからはさらに稀である。実際、イスラエル軍は重要な交戦で統制が効かなくなることを恐れていたため、感覚的には第二次世界大戦時のドイツ軍モデルが歴史上最も成功したものだと認識していたにも関わらず、割り込み型のアプローチを採用したのである。

自己同期化

NCWの理念の採用により、自己同期化された部隊や行動の実現が可能になる。しかしこのNCWの理念の導入を検討したアメリカとその同盟国の多くは、上述のような戦場における混乱に対する懸念を抱き続けてきた。しかしながら、自己同期化の実現のための前提条件の検討[18]により、戦場で混乱は発生しないことが明らかになった。その条件とは以下のものである。

・明確かつ一貫した指令意図の理解
・高品質の情報および共通の状況認識
・部隊の全レベルでの能力
・情報、部下、上官、同胞および機器への信頼

自己同期化された軍隊に指揮の機能が無いわけではない。しかし、そのような軍隊は表面的な司令内容そのものではなく、司令内容の裏にある司令意図、状況認識の共有、信頼できる資源配分および適切な交戦規則、そしてそれらと同様なレベルで、部下に対して指針は与えても仔細に立ち入らない一連の基準といったものの実行や達成に重きを置いている。

またさらに、ＮＣＷの理念は情報化時代の軍が行動するための唯一の方法を自己同期化のみに限定してはいない。ＮＣＷでは、これらの作戦行動が可能であること、このような行動がより効果的（任務成功の可能性が高い）かつ効率的（少ない部隊で多くのことができる）であることを主張しているにすぎない。上記のような自己同期化の実現に必要とされる条件群が満たされていないのに、ＮＣＷを是が非でも採用すべきだと主張しているわけではない。

トラファルガーの海戦（一八〇五）

「交戦・戦い・作戦行動・戦争には一つとして過去と同じものは無い」と言われるが、同時に「戦闘で本当に新しいことは何も起こらない」とも言われる。戦闘の歴史を繙くと、トラファルガーの海

戦でのイギリス艦隊は、真の意味での自己同期化された軍の典型的な例のように考えられる。イギリス艦隊は、自己同期化された軍隊の有する以下のような重要な特徴を備えていた。

・ネルソン提督による明確な指令意図
・意思決定者（艦長）の権限
・戦闘空間に関する豊富かつ共有された情報
・あらゆるレベルの司令官同士の信頼

初弾を撃つ遥か前に自己同期化は始まる。ネルソン提督は勇敢で革新的、かつ創造的な司令官だった。提督は主要艦隊を任され、スペイン‐フランス連合艦隊を発見し壊滅する任務を負っていた。実のところ、彼がスペイン海岸の沖合に布陣するに先立ち、索敵のためイギリス領海から西インド諸島への航海をしていた(19)。

当時の海戦の伝統的な戦法は、「戦列」を形成して敵艦列と平行に航行し、至近距離で砲火を交えるものだった。時として、艦船同士が舷を接すると互いの乗員間で格闘が始まり、このときが死命を決する決定的な戦闘となった。イギリス艦隊は、自軍がこの方式の戦闘では現実には非常に不利であることを認識していた。スペイン‐フランス連合艦隊の艦は概して重く、重火器の搭載も多かったのである。そのため、敵方には「金物の重さ」というアドバンテージ、つまり片舷斉射で発射できる砲弾の量の面で有利だったのである。一方、自軍が有するいくつかの優位点も認識していた。艦は軽量であったが、より高度な技量を有する艦長と船員により操船され、特に砲火の中では敵よりも高い機

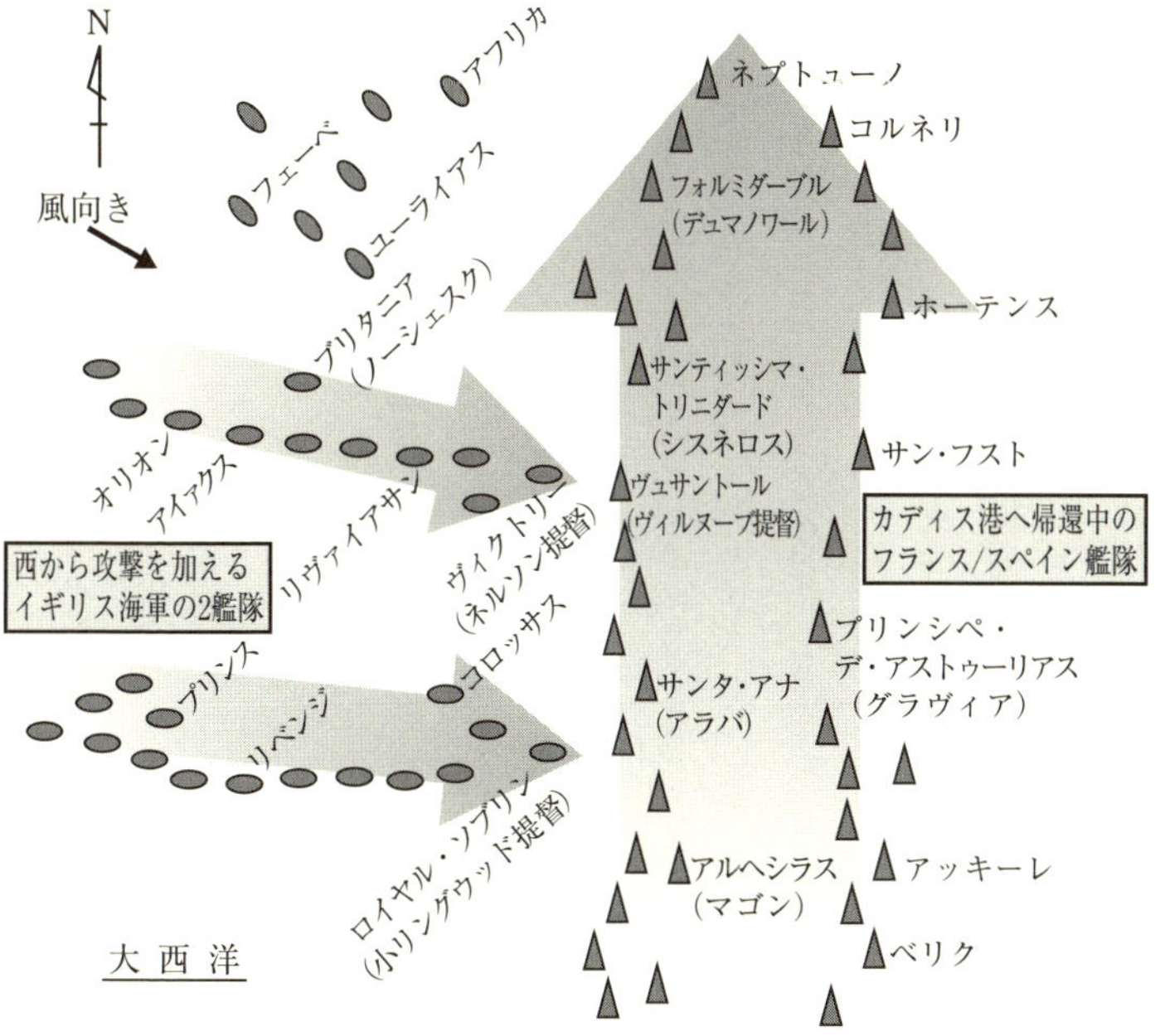

図１　トラファルガーの海戦におけるネルソン提督の革新的戦い

動性を誇っていた。イギリス艦隊はより熟練した砲撃手を有し、射弾数・正確性の点でスペイン－フランス連合艦隊を凌駕していた。

ネルソン提督は、接近戦を長引かせないようにすることで敵軍の優位点をゼロに近づけることを目標とした。その代わり、敢えて敵艦隊列の側面に垂直に切り込んでゆくというリスクをとった。（図1）。これはすなわち、自艦の火器が手薄な船首をスペイン－フランス連合艦隊の舷側に相対させることを意味する。しかし、もしも艦隊が列に切り込むことができれば、舷側を敵艦の一方の船尾に、そしてもう一方の舷を別の敵艦の船首に対向させることができる。

提督はこの戦術で敵艦隊の隊形をくずし、戦闘を艦対艦の交戦へ持っていけると予測していた。この戦術ならば自軍の高い機動力、発射数、そして作戦連携能力が決め手になる。[20]

これは、敵艦隊列の間を航行するために最初の砲撃のタイミングを合わせ（敵艦列に近づくに従って敵に砲火を浴びせる砲の数を減らしながら）、そして初弾で壊滅的攻撃を行うという、イギリス艦隊の優れた操船技術を要するリスクの高いアプローチだった。同様にイギリス軍各艦は立て続けに強力な攻撃を加え、重量で勝る敵艦と闘うにあたり、相互に支援することを前提としていた。

ネルソン提督は艦隊が編成されていくのに合わせ、大西洋を往復している間に各艦長と旗艦上で会議を重ねて、このアプローチを注意深く検討していった。その中には、約三週間前にネルソン艦隊に加わったコリングウッド提督との討議もあった。議論の焦点は、一七八二年にジョージ・ブリッジス・ロドニー艦長がバハマをフランス軍から守ったときに使った隊列決壊（broken line）戦術で、これはまさにその二〇年後、ネルソン提督が使おうとしているものだった。[21]海戦の前日、ネルソン提督の旗艦であるHMSヴィクトリー上で重要な会議が開かれた。このときは主として戦術を確認し、第一撃を行うときに各艦長が自艦を陣形のどこへ持って行くかを確認した。

戦闘開始後はイギリス艦の艦長同士でコミュニケーションを取ることはほとんどできなかった。それでも戦闘は、巧みかつ効果的に行われた。ネルソン提督は、風向きが自艦に追い風となる「風上」に位置することができた。艦列へ攻撃中の艦隊及びその他のほとんどの艦は、多くの敵艦の舷側からの攻撃に苦しむことなく、スペイン‐フランス艦隊の列へ近づくことが出来た。多くの艦は、最初の舷側砲撃を最低一隻の敵艦の船首もしくは船尾に命中させ、その弾はデッキを横切り艦を大破させた。

イギリス海軍の優位が決定的であることが明らかとなった。第一に軽量のイギリス艦は主として「舷側同士の戦い」を回避し、より優れた機動力を用いて相手よりも多くの砲塔を向けられる角度となるような位置を取り、長く連なるスペイン－フランス艦隊に砲撃を浴びせたのだった。第二に、イギリス軍艦長たちは効果的に助け合っていた。戦闘中、大きい敵艦と戦っているイギリス艦が逆サイドからの援護射撃を受けることが幾たびもあったのである。(22) スペイン－フランス連合艦隊には優秀な砲撃手が少なく、船の両側から攻撃してくる敵に対処するにはまったくもって不利な状況にあった。スペイン－フランス連合艦隊は彼らの優秀な砲撃手を分散させねばならなくなり、砲撃の精度がますます低下すると、砲撃の間隔も長くなっていた。

戦場におけるイギリス軍の自己同期化能力の結果が、この勝利の主要因である。多くのイギリス艦は損害を受け、ネルソン提督も戦死したが、イギリス艦は一隻も失われなかった。一方、スペイン－フランス連合艦隊は拿捕・爆発・火災・沈没で二〇隻を失った。(23)

情報化時代の指揮統制へのアプローチ

強固にネットワーク化された部隊では、工業化社会で有用性の証明された指揮統制に関する既存の六つの思想のうち、いずれもが実現可能であることがわかっている。これはすなわち、通信システムはＣ２をほぼ完全に中央集権化し、周期型であってもあるいは割り込み型の思想であっても、それに追従することができるからである。同時に情報の伝達は、それがより適切ならば無統制型かあるいは選択的統制のアプローチを取ることができる。目的指向のＣ２は、その一例に含まれる。従って適切なアプローチを選択するための基準は、アメリカ軍のネットワークのサービスの到達性、多様性、品質以外の要素に依存する。言い換えれば、我々の組織、その構造およびシステムは、もはや指揮統制の方法を制限する要素ではない。

何よりもまず、アメリカ単独にも多国籍軍にも強固にネットワーク化された専門性の高い部隊があり、戦場が動的である（迅速に変化する）場合は、自己同期化（または無統制型）が好ましいであろう。しかしこの方式が効果的に機能するには、部隊の各要素間に高い信頼関係ができていなければならない。具体的には、最低でもこれら軍の構成要素が関与する任務のすべての範囲において、うまくそれを遂行した経験が必須であることを意味している。合同演習、例えばNATOや環太平洋地域のPACOM加盟国との定期的な合同演習などが必要とされるその種の取り組みである。理想的には（アメリカが戦闘作戦に関わることが懸念されるような状況においては望ましいものとは言えないが）、各組織がその任務空間において将来的に共同で作戦にあたることである。このモデルの実例としては、アフガニスタンで非常にうまく共同作戦にあたった多国籍特殊部隊がある。上記の多くの軍はNATOまたは二国間で合同訓練を行い、そのうちいくつかはその数年前から実際に共同で作戦にあたっていた。彼らのいずれもが非常に高い能力を示し、任務に関係する戦術上の詳細な情報を共有することを可能にしていた。

必要な経験や信頼は築けていないものの、部隊の専門性と創造力が問題とされない状況では、目的指向の命令や選択的統制のアプローチが望ましい。重要であるにも関わらず、どの構成部隊も効果的に対処できないチャンスや脅威を利用するためには、介入権限を有する中央司令部を設置すればよい。

それによって指令意図と軍の最良の運用との整合性を発展させ、観察し、そして維持するためのメカニズムを戦域レベルで生み出すことができるし、指令意図に内在する柔軟性と創造性を保持することが可能である。

目前の任務に対して著しく異なるドクトリンやアプローチをとる部隊からなる軍が構成され、戦闘空間がさらに動的になる兆候がある場合、目的指向のアプローチがより適しているであろう。このような場合は、これらの異質な部隊群を最も時間的に効率の良いやり方、すなわち戦闘空間の物理的分割、関係するすべての軍部隊からの代表によって運用される中央軍司令部の設置、リエゾンオフィサーの交換、齟齬の回避と行動を調和させる計画などが重要である。

中央からの命令に依存するＣ２の思想も、情報化時代では重要であろう。第一に、部隊の一部が「命令は中央から出すものである」とする主義を持っている場合（現在でも、同盟国の一角を占める第三世界の軍ではまさしくそのとおりだし、グローバルサポートや文化的橋渡しの観点からすると、むしろ望ましいことでもある）は、このような命令を出すメカニズムが必要である。第二に、部隊の一部に任務へ貢献できるだけの専門能力を持たない部分がある場合は中央からの命令が必要である。恐らく、重大な外交危機（誤った判断が戦争勃発につながる場合や慎重な判断が戦いを短期に収束させるような場合）に直面したときや大量殺戮兵器の判断に迫られるような場合は、中央集権的統制が望ましいであろう。

この構築には三つの課題を伴う。

① 第一に、ネットワークとアメリカ軍の任務能力パッケージを構成する要素群が、広範なＣ２哲学の一部のみでなく、その全体にわたってサポートする能力があるかという観点で開発され精査されなければならない。

② 第二に、アメリカ軍の人員、特に意思決定者は異なる様々なアプローチ、それを適用しようとする様々な状況、それらの状況全域にわたってどのように効果的に実践されうるかを理解しなければならない。

③ 第三に、軍の機能に責任のある人員は、Ｃ２アプローチの全領域にわたって部隊を指揮できるスキルと洞察力を持たなければならない。

これらの課題が示すのは、工業化時代のＣ２の運用から大きな一歩を踏み出したことである。我々が情報化時代へ移行するにつれ、単一の主義を選択し、これをドクトリンと実践の内に確立するような安易な姿勢は消えていくことであろう。

■ノート

（1）Alberts, David S. and Richard E. Hayes. *Command Arrangements for Peace Operations*. Washington, DC: CCRP Publication Series. p. 5.

（2）Jomini, General Baron Antione Henri. “The Command of Armies and the Supreme Control of Operations.”*Precis de l’Art de Guerre*. Chapter 2. Article 14. 1838.
Jomini, Antione Henri. *The Art of War*. New York, NY: Greenhill Press. 1996.

（3）Clausewitz, Carl von. Michael E. Howard and Peter Paret, eds. On War. Princeton, NJ: Princeton University Press. 1976.

（4）Department of Defense Dictionary of Military and Associated Terms. Joint Pubs. 1-02. http://www.dtic.mil/doctrine/jel/doddict/.（Apr 1, 2003）

（5）Alberts, *Command Arrangements*. pp. 7–13.

（6）Alberts, *Understanding*. pp. 142–3.

（7）伝統的な観点からの指揮統制プロセスと情報化時代の観点におけるこれらプロセスのより詳細な議論については次の文献にみることができる。: Alberts, *Understanding*. pp. 131–184.

（8）Verkerk, Maarten J., Jan De Leede, and Andre H. J. Nijhof. “From Responsible Management to Responsible

Organizations: The Democratic Principle for Managing Organizational Ethics." *Business and Society Review*. New York, NY. Winter 2001.

Bragg, Terry. "Ten Ways to Deal with Con ict." *IIE Solutions*. Norcross. Oct 1999.

Bushardt, Stephen C., David L. Duhon, and Aubrey R. Fowler, Jr. "Management Delegation Myths and the Paradox of Task Assignment." *Business Horizons*. Greenwich. Mar/Apr 1991.

(9) Pigeau, Ross, and Carol McCann. "Re-conceptualizing Commandand Control." *Canadian Military Journal*. Vol 3, No 1. Spring 2002.

(10) (9) と同様。 p. 57.

(11) Alberts, *Understanding*. pp. 142-3.

(12) Alberts, *Command Arrangements*. pp. 77–100.
Alberts, *Understanding*. pp. 169–180.

(13) Glantz, David M. *The Role of Soviet Intelligence in Soviet Military Strategy in WWII*. Novato, CA: Presidio Press. 1990.

(14) Rice, Condoleezza. "The Party, the Military, and Decision Authority in the Soviet Union." *World Politics*. Vol. 40, No. 1. October 1987. pp. 55–81.

(15) Defense Systems, Inc. *Headquarters Effectiveness Program Summary Task 002*. Arlington, VA: C3 Architec-

ture and Mission Analysis, Planning and Systems Integration Directorate, Defense Communications Agency. 1983.

(16)（15）と同様。

(17) Hughes, Wayne P. *Fleet Tactics-Theory and Practice*. Annapolis, MD: Naval Institute Press. 1986.

(18) 現在軍で用いられているある種の専門用語は、「自己同期化（selfsynchronization）」の代わりに「自己同調 *self-coordination*」を用いている。二〇〇三年四月に発刊された The DoD Transformational Planning Guidance は「自己同調」を「レベルの低い軍隊が自律的に近い形で作戦行動し、状況認識の共有と司令官の意図の利用を通して自ら任務を再定義できるようその自由度を高める」ための努力であると定義している。この定義は、われわれの自己同期化の概念から構成されている。

Rumsfeld, Donald H. *Transformational Planning Guidance*. Department of Defense. April 2003.

(19) "Nelson, Horatio Nelson, Viscount, Duke of Bronte in Sicily." ⓒ JM Dent/ Historybookshop.com.
http://www.phoenixpress.co.uk/articles/people/soldiers-military/nelsonpp.asp.（Apr 1, 2003）

(20) "The Nelson Touch." The Nelson Society. Portsmouth, UK. 2001.
http://www.nelson-society.org.uk/html/nelsons_touch.htm.（Apr 1, 2003）

(21) "Battle of Trafalgar." Wikipedia: The Free Encyclopedia. Jan 3, 2003.
http://www.wikipedia.org/wiki/Battle_of_Trafalgar.（Apr 1, 2003）

(22) "The Battle." The Nelson Society. Portsmouth, UK. 2001.
http://www.nelson-society.org.uk/html/battle_of_trafalgar.htm. (Apr 1, 2003)

(23) "Trafalgar, Battle of." Microsoft (R) Encarta (R) Online Encyclopedia 2003.
http://encarta.msn.com. (Apr 1, 2003) (c) 1997-2003 Microsoft Corporation. All Rights Reserved.

第3章　工業化時代の指揮統制

現在、広く知られているほとんどの哲学、主義、そして指揮統制（C2）の実践は、（これらが影響を与えた）工業化時代に発展し、成熟した[1]。伝統的な指揮と統制の基盤を成す原則は、工業化時代の戦争のみならず、工業化時代の経済とビジネスにも適用される。これらの原則とは、分業、専門化、階層性、最適化、相互干渉の排除、集約的な計画および実行の分権化である。これらの要素を用いると、指揮統制の原理は制御理論と類似したパターンを生み出す。

本章では、これらの原則と重要性について簡潔に議論する。留意すべき点として、これらの原則は、アメリカおよびその他の国々において、今日の軍隊組織に普遍的であるということである。また、先進的な組織と芽生えつつある社会環境および商業市場が、以下で議論される原則とは明かに異なる諸関係を支配する新しい規則と、新しいマネージメントアプローチの展開を生み出しつつあることということも留意すべき点である。これらについては、次章以降の中で論じられている。

分業

工業化時代は、「分断と攻略」の思想をあらゆる問題にあてはめていた。学術分野、産業、組織、そして軍事組織は、可能な限り正確にそれらの役割を定義し、それらの全体の活動を、既存の知識、テクノロジーおよび人員によって熟達可能な、重複のない一貫性のある部分集合に分割した。産業界は、それぞれの活動の連なりを選択的に繋ぎ合わせることによって、水平あるいは垂直な寡占が進むと考えられてきた。総合大学においても、狭い学科領域に基づいた学部に分割された。今日においてさえも、多くの非政府組織（NGO）は特定の人々に食物、水、医薬品、教育、またはその他の具体的なサービスを提供するために、非常に狭い領域の中だけで活動している。同様に、国連およびその他の国際機関は、より狭い範囲に規定された目的のもと、下部組織に分割されている。

工業化時代の間に発展した軍事組織もまた、工業化時代の分業の原則を反映している。例えば、歴史上の軍隊のスタッフ機能（人事、諜報活動、作戦、兵站など）は、個々の担当者がその能力を発揮できる分野ごとに各スタッフが監視し、認識し、報告を行い、計画を立て、そして実行可能な作戦へ落とし込む一方で、司令官は戦闘空間を一貫して掌握し続けることを可能にした。戦闘を陸海空（そして宇宙）に区分けし、特定の軍事組織に責任地域（AOR）となる物理的な領域を割り当て、そして個々の組織ごとに攻撃と回避の責任を課すことは、戦争を取り扱いやすい単位へ分割するもう一つの例である。工業化時代の軍事組織においては、それらの断片は司令官もしくは司令官の名のもとになされる作戦によって統合されるため、再び集められ、全体として首尾一貫した形になる。たとえ司令官の役割がまったく別の活動としてあらゆる軍事的問題から切り離されたとしても、である。

専門化

一連の細分化された部分集合が作られるならば、これらの組織（民間企業、官僚制または軍隊組織）を構成する部分集合は、組織全体（または企業）がその任務を実行し、その目的を達成することに資する専門性を発展させることができる。組織的な部分集合（係、課、部、局、機関など）における個人や個々の要素群は、より大きい組織を支えるためにそれら各々の専門技術と知識を修得することができる。例えば製薬メーカーは、新製品の研究開発、臨床試験、製造、マーケティング、流通および会計、法務、情報システムのような後方支援組織といった具合に、各責任範囲の構成要素に分割されている。これらの部門のスタッフはそれぞれ非常に異なる訓練を積み、異なるスキルおよび組織的な文化を持っている。また、これらの部門はそれぞれ異なる専門家の集団に依存している。

工業化時代は、「専門化」をそれ以前には想像もできなかったレベルにまで高めた。慎重に並べられた動作の集合が絶大な効率を生み出すというベルトコンベア方式の考え方は(2)、この時代以前には想像できないものだった。学問の分野も、十七世紀には十二程しかなかった専門誌が十九世紀には一〇〇程に増え、さらに二十世紀には一〇〇〇に、そして二十世紀の終わりには世界中で数万もの専門誌が出版されているという事実が物語るように、非常に細かい専門分野に分割されてきた。職業の専門性が時代とともに進むにつれ、それらはますます多くの狭い専門分野へと分割されていった。例えば医学が老人医学、婦人科医学、血液学などに、法学が税法、知的所有権そして環境などに、あるいは会計学が合併買収、国際会計そして娯楽産業関連などに分化してきたのは、その最たる例であろう。

軍事分野における専門化（キャリアブランチと非常に専門的な組織の生成）は、非常に効率的な経験蓄積と訓練を可能にした。多くの軍事作戦を通して軍隊の専門的な能力は、しばしば単に一般的知識しか持ちえない人が集まってても創造できないような状況対応能力を生み出した。例えば、詳細計画、指揮統制機、空中給油機、護衛、対電子戦航空機、戦闘損耗調査そして探索・救援部隊の関係する統合防空作戦では、非常に専門的な人員、プロセス、組織および機器なしではありえない。

しかしながら工業化時代の軍隊においては、「統合」の質、つまり性格の異なる陸海空軍から人員を集めて組織を構成し、相乗効果的に作戦にあたるための能力に欠けていた。工業化時代の軍隊では、性格の異なる三軍が戦場において相互干渉なしに、あるいは間違っても同士討ちすることなく作戦にあたれるよう、責任範囲を明確に保証する様々な手法が取り入れられていた。アメリカ軍を統合するために明示的な取り組みがなされたのは、ゴールドウォーター＝ニコルズ国防総省再編法案(3)（三軍を統合しようとする法案）の議会提案が最初のものだった。また、非常に最近まで、「統合」とは運用レベルで起こる「何か」とみなされていた。そのため、戦術レベルで統合作戦を実施するための条件作りを明示的に行おうという意識が欠落した状態が長らく続いていたのである。ゆえに、工業化時代の統合への取組手法は、正確には「統合計画」として特徴付けることが可能かもしれない。

階層的組織

工業化時代の組織面における専門化の帰結は「階層化」である。個人の取り組みと、高度に専門化した実践部門の取り組みは、それらが支えるより大きな組織もしくは企業の目標を達成するために、協調して行動することに焦点を絞って統制されねばならない。これは、次のような仕事を課せられた中間管理者層の存在を暗に示している。

・組織の総括的目的と方針の理解。
・下位組織にそれらの目標を伝えること（そしてときにそれらを下位組織が理解することができる言語と彼らが遂行可能な行動に噛み砕いて説明すること）。
・組織の目標および価値と首尾一貫した、調整された行動を保証する計画を作成すること。
・下位組織の処理効率を監視し、必要に応じて軌道修正のためのアドバイスをすること。
・上位の管理者に対し、作戦環境の変化と進展についてのフィードバックを提供し、かつ目標やポリシー、計画についての変更を提案すること。

懸案の任務を完遂させるために必要な組織の管理者層と専門家層とを区分けしている階層レベルの規模と数は、あらゆる組織の規模や統制のおよぶ範囲と相関がある。すなわち、個人や組織構成要素によってどれくらいの人員やその他の組織構成要素を管理する必要があるかということである。専門家と専門的組織の活動を調整してまとめあげるために階層構造が必要であるとすれば、階層構造における階層の数は、指揮の及ぶ有効範囲とある種の相関関係がある。

民間組織では、統制の有効範囲は12人以下くらいであると考えられているが、人によってはもっと少なく、3~6人程度であるとの議論もある。[4] エリオット・ジャックス[5]、ジェームス・ウィルソン[6]、ヘンリー・ミンツバーグ[7]およびその他の関係者も、階層の多重化構造の必要性を議論している。これらの官僚的な構造は、責任を有する管理者とその下位の階層の部下との間の人間的な関わりが生まれることを意図したものだった。民、官、そしてその他組織が巨大なサイズに成長するにつれて、中間管理職と管理者層の数もそれにともなって増加してきた。二十世紀後半における政府機関、民間企業、国際機関および各種組織の組織的構造の検討によれば、これらの中間管理職の増殖は、大きな階層的組織の活動の統合と調整に対するニーズに呼応したものであったことを示している。

軍隊の階層構造もまた、これらと同じ原則に立って形成されてきたが、戦闘空間における明瞭で持続的なコミュニケーションのやむにやまれぬ必要性に呼応して修正されてきた[8]。地上戦におけるアメリカ陸軍の組織構成は、戦闘任務のプレッシャー下における右記要素の現実的な具現化の様子を示している。その組織は、最小構成単位を個々の兵士とし、銃撃班（五〜六人の兵士）、分隊（銃撃班、二班）、小隊（多くて二〜四分隊）、中隊（三〜四小隊）、大隊（三〜四中隊）、旅団（三〜四大隊）、師団（砲撃のための下位組織（師団砲兵隊）および兵站のための中核的下位組織を伴う三〜四旅団）、兵団（三〜四師団と火器・兵站などの重要な舞台から構成）、軍団（三〜四師団および砲撃・兵站のための中核組織からなる）、および軍（三〜四軍団）といった構成要素群からなる。これらと同じ基本構造は、コミュニケーションが指令による声、軍用ラッパ、伝書使、手旗信号および電信に依存していた南北戦争に起源を見ることができる。国防総省の巨大な規模と層構造は、これらの経験が反映されたものだ。階層の数は、統制の範囲と相関がある。統制範囲が減少するにつれ、同じサイズの組織において必要とされる階層の数は増加する[9]。

このような階層構造においては、情報は指揮系統を上下に流れる必要がある。これら情報とは政策情報、計画、指令および（敵軍および友軍についての報告の両方の）戦場についての情報が相当する。層がより多くなればなるほど、この情報の流れに時間がかかり、そして情報の誤りや情報劣化の可能性が高くなる。今日でさえ、軍の部隊の構成員への通達は、公式にはその部隊の指揮官に対して伝えられ、しかるのちに指令本部によって周知される。言い換えると、下位組織に対して送られるすべての情報は、どの階層に属しているか、そして流されるべきかという点に関して区別されるということである。実際、情報の制御は工業化時代の組織を統制するための主立った手段だった。(10)

軍の階層構造においては、司令官のスタッフは「統制メカニズム」そのものであり、権限を持つ指導者もしくは司令官の指揮任務を補助するものと考えられている。(11) 例えば、ノルマンディ上陸作戦（OPERATION OVERLORD）時のアイゼンハワーの司令部には、一六、〇〇〇人を超える人員が詰めていた。

最適化

工業化時代の軍は戦闘空間を分割し、階層組織を構成し、専門化を行い、軍を階層構造として組織した。この手法が、戦争の複雑さおよび大規模な作戦を単純で管理可能な作業および問題へと転換したことを考慮すると、工業化時代の軍は、プロセスの最適化に注力できるものと考えられていた。工業化時代の特徴として、すべての問題には最適な解があり、すべての資産には理想的な運用方法があるということを暗に前提としていることが挙げられる。(12) 米軍においてこのような前提は、「やればできる（can do）」という国家的スローガンと、士官候補の学際的教育にはエンジニアリングが最適であるとの認識によって強化された（アナポリスのアメリカ海軍兵学校は一九三三年に理学士号の授与を開始し(13)、当初土木工学のみを教えていたウェストポイントのアメリカ陸軍兵学校は理学士号のみを授与している(14)）。このような仮定はごく自然のなりゆきとして、最適な解とその活用方法を探る方向へとアメリカ軍を導いた。この傾向は、兵器システムの設計において最も顕著だった。このことは、国家資産にとって最も可能性が高く危険と考えられる一連の脅威に対して、兵器システムが最適化されてきたことからも明らかである。また一方で、最適解の存在を暗黙の前提とする思想が、指揮統制の枠組みおよびそれをサポートする通信システムの設計に適用されてきたこともまた明らかである。指揮統制もまた、様々な種類の部隊や兵器プラットフォームを活用するための最適条件を生み出そうと模索してきた。

ごく最近まで多くの民族国家は、彼らが潜在的に最も危険が高いと考えている国家や同盟を名指しすることができた。結果として彼らは、彼らが戦う可能性の最も高い軍隊や戦闘の起こりそうな場所の地理について知り得ると感じていた。最も重要な国家間競争の多くは軍拡競争として特徴づけられ、それはしばしば兵員数、砲塔数、あるいは移動可能なプラットフォームの数、両陣営で利用可能な兵器の到達距離、そして競争優位性をもたらすと認識されているその他の要素に関して定量的に定義されていった。

例えば冷戦の間、アメリカ合衆国は軍の構造や兵器プラットフォームに関し、旧ソビエト連邦、ワルシャワ条約、そしてその他有事が発生すると考えうるすべての共産主義国家との関係を念頭に置いて重要な決定を下していた。それを如実に物語る例として、空対地戦闘(15)の形態がヨーロッパ戦域における旧ソビエト軍を撃退する方針に沿って練られてきたことがあげられる。つまり事実上、工業化時代のすべての軍は、脅威主体に対する彼らの決定が最適化可能なケースに対し、「承認されたシナリオ」を生み出してきた。そしてもちろん、彼らがあらかじめ想定していなかった軍隊組織と戦うことを強いられたときに経験した困難さ（アメリカがベトナムにおける民族解放戦線などの植民地の力に対して感じたような）は、ある意味「軍の構造は最適化することが可能で、このような例外的戦闘シナリオは想定外のケースである」という前提がもたらした結果だった。

調停

軍隊の構成要素が既知でよく理解されている特定のシナリオに対して最適化されてきたと仮定すると、工業化時代の指揮統制プロセスは、軍の構成要素間を調停する統制手段に極度に依存していたと言えるであろう。それらの統制手段とは、以下のようなものである。

- 部隊ごとの役割分担
- 航空機に対する高度制限
- 特定の組織への物流手段（道路、鉄道、飛行場、港湾）の割当
- 非交戦ゾーン、交戦ゾーン、交戦の制限（許可制）
- 活動を調停するための統制線（フェーズライン）
- 地形と関連付けられた交戦規則

・そしてその他多くの事項

ここでの統制の目標は、軍司令がその責任領域における事象に対して許された統制範囲を遥かに超えていた。不必要な同士討ちと二次被害の回避が優先事項ではあったが、それ自身は物理的干渉排除の究極的な目的ではなかった。最終的な目標はもちろん、軍の各要素にできる限りよい作戦環境を提供することだった。これは専門化と最適化の行き着いたごく自然な結果であった。諸兵科連合作戦（例えば敵陣地を攻撃するために一緒に協調して作戦に参加している歩兵隊、機甲部隊および砲兵部隊）が正規軍によって実施される一方で、最適な作戦環境は主として干渉の排除によって協調行動できるように組織されていた。このような相互干渉の排除の例として、例えば砲兵隊が友軍の歩兵隊や機甲部隊を危険にさらすことなく敵に最大の効果を及ぼすよう、時間と場所の双方について確実に調整がなされている必要があったことなどがあげられる。これまでに議論してきたように(16)、相互干渉の排除は干渉し混乱した作戦（友軍ユニット同士が邪魔しあうような作戦）よりもはるかにいいことは確かだが、軍の資産を相乗効果的に利用するときに本来得られるはずの能力に対しては遠く及ばない。

統合計画

「計画」は、司令官が時間と空間において成功の確率を最大化するように軍とイベントをアレンジすることを可能にしたことから、工業化時代の指揮統制において非常に重要な役割を占めるようになった。軍の計画は、常に左記の五つの要素を含む。

・任務：軍全体として、そしてその軍の個々の主要な要素によって何がなされねばならないか（誰が誰に対して責任を持つか）。
・軍備：軍のどの部分が任務の個々の要素に割り当てられるか（誰がどの役割を担うか）。
・分担：誰がどの責任範囲を受け持つか（その軍の統制手段は何か）。
・計画：時間とともにどのように取り組みが調整されるか。
・不測の事態：任務、軍備、分担そして計画が、あらかじめ認識されている特定の状況下でどのように変化するか。

工業化時代のコミュニケーションに制約があったことを考慮すると、「計画」は軍司令官がそれによって成功に導くための必要条件を作り出そうと試行錯誤するためのメカニズムだった。特に大きく複雑な組織は、準備に膨大な時間を要し、また継続的な監視、適合、維持を必要とするような統合計画に依存していた。二十世紀最後の十年に確立された伝統的な米空軍の航空任務命令（ATO）は、複雑な軍の行動の統合と調整を要する詳細な計画の優れた例である。その計画立案文書は、番号付けされた何千もの専門人員を擁する空軍の巨大な指令本部によってのみ生み出すことが可能だった。計画書の作成とその実施までには七二時間もの時間が必要であったが、尾翼の番号によりすべての航空機を管理し、それらの航空機が一緒に作戦行動するために必要な情報を提供した。

実行の分散

しかしながら工業化時代の司令官は、容赦なく目まぐるしく変化する作戦環境に直面した際の「計画」というものの脆さを認識していた。おそらく、その時代の「計画」について最も有名な引用句（歴史上の偉大な計画者の一人によって語られた最も適切なもの）は、「いかなる計画も、有効なのは敵と最初に遭遇するときまで」というものだ。[17] 軍事行動の計画に限界があるという理解に基づいて、司令官は（特に第二次大戦のドイツやＮＡＴＯのようにより高度かつ特殊な軍の）能動的行動（革新性と積極的行動）と分散された実行を司令官の意図全体にわたって奨励していた。このことは、単に偶発的事態をすべて予測することが困難であること（予期せぬ事態は必ず発生しうること）を考慮に入れるというだけではない。前線から退いた司令官よりも、その場にいる司令官の方が情報を良く捉えている場合が多いという事実を反映しているのである。

キーガンは指揮統制について、不確定性を取り除く連続的プロセスとして議論している。[18] このようなプロセスは、軍が交戦状態となった「時間と場所」において、非常に急速に生じる。小さな戦闘は交戦状態であることを知らせ、さらにその交戦は戦闘を知らせ、そして最終的には軍事行動を知らせる。工業化時代の間、センサ群と通信システムは常に前線の司令官に重要な意思決定を強い、司令官はどのようにその計画を実行し、いつ実情にそぐわなくなるか、そして機能障害に陥るかの両方を決定せねばならなかった。任務完遂のために必要な柔軟性と革新性は、主として計画立案する人々にではなく、計画を遂行する側に帰属していた。[19]

工業化時代のC2——単純な適応制御メカニズム

主として工業化時代のコミュニケーション技術の限界により、この時代に発展してきた指揮統制システムは本質的に周期型だった。すなわち、指揮統制システムは戦闘空間の状況を監視し（友軍、敵軍、地勢、天候など）、状況認識を喚起し、軍事的状況の理解を深めるための事前知識を用いてただちに情報を融合し、その状況を改善するための選択肢を生成し、その計画を下部組織へ伝える指令を生成・配布し、そしてその結果を監視するというサイクルを維持した。正規軍においてOODAループ（観察、方向付け、意思決定、実行）が広く好んで使われているという事実は、この周期的プロセスを認識していることを反映している。(20)

工業化時代の軍組織はしばしば、単純な線形的指揮統制メカニズムを採用している。すなわちこのような線形的指揮統制では、戦闘空間を分割し、作戦を時間軸に対して区分けし、計画を効果的にする専門化・最適化・集約的計画を活用し、そして作戦環境に対して計画遂行が柔軟で応答性に富むことを確実にするように実行の分散化と周期的プロセスを採用している。工業化時代における指揮統制の目標は、つまるところ状況の変化に応じて軍の行動を適応させること、すなわち継続的なプレッシャーが、状況変化に応じて軍の作戦を適応させることであらかじめ規定された戦闘空間の特徴量（戦死者数、領域の統制など）をコントロールするような適応制御をすることなのである。このことは不完全ではあるけれども、情報化時代の軍に必要とされる「俊敏性」への重要な最初の一歩となる。

■ノート

（1） Toffler, Alvin. *War and Anti-War*. Boston, MA: Warner Books. 1995.

（2） McCollum, Sean. "America on Wheels." *Scholastic Update*. New York, NY. Feb 7, 1997.

（3） *Goldwater Nichols Department of Defense Reorganization Act of 1986*. National Defense University. http://www.ndu.edu/library/goldnich/goldnich.html.（Mar 21, 2003）

（4） 「我々が組織全体の頂点に近づけば近づくほど、我々はより多くの三人からなるグループと作業をする責務を負う。一方で組織の底辺に近づけば近づくほど、より多くの六人からなるグループと作業することになる。」—Sir Ian Hamilton, British Army. *The Soul and Body of an Army*. Arnold, London. 1922. p. 229.
Miller, G.A. "The magical number seven, plus or minus two: Some limits on our capacity for processing information." *The Psychological Review*. Vol 63. 1956. pp. 81–97.

（5） Jaques, Elliott. *General Theory Bureaucracy*. Portsmouth, NH: Heinemann. 1981.

（6） Wilson, James Q. *Bureaucracy: What Government Agencies Do and Why They Do It*. New York, NY: Basic Books. 1991.

（7） Mintzberg, Henry. *Mintzberg on Management: Inside Our Strange World of Organizations*. New York, NY: The Free Press. 1988.

(8) Creveld, Martin van. *Command in War*. Cambridge, MA: Harvard University Press. 1985.

(9) Urwick, L.F. "The Manager's Span of Control." *Harvard Business Review*. Cambridge, MA: Harvard Business Press. May-June 1958.

(10) Alberts, *Information Age Transformation*. p. 60.

(11) Alberts, *Command Arrangements*. p. 7.

(12) もし問題全体を分割することによって得られたこまごまとした結果の各々について最適化ができたとしても、それは問題全体にわたっての最適解にはなり得ないだろう。なぜならそこから得られる結果というものは多くの変数群やそれらが相互に依存している状況に依存しているからである。

(13) United States Naval Academy. History of the Academy. http://www.usna.edu/VirtualTour/150years/. (Feb 22, 2003)

(14) United States Military Academy. History of the Academy. http://www.usma.edu/bicentennial/history/. (Feb 22, 2003) Chapter 3 51 NOTES

(15) Simpson, D. Richard. "Doctrine -Who Needs It You Do! " *Mobility Forum*. Scott AFB. May/Jun 1998.

(16) Alberts, *Understanding*. p. 205.

(17) Helmuth Carl Bernard von Moltke (the Elder), 19th century Prussian Field Marshall.

(18) Keegan, John. *The Mask of Command*. New York, NY: Viking Penguin. 1988.

(19) Davenport, T.H. and Prusack, L. *Working Knowledge: How Organizations Manage What They Know*. Cambridge, MA: Harvard Business School Press. 1998.
Weick, K.E. and Sutcliffe, K.M. *Managing the Unexpected: Assuring High Performance in an Age of Complexity*. San Francisco, CA: Jossey-Wiley. 2001.

(20) Hammonds, Keith H. "The Strategy of the Fighter Pilot." *Fast Company*. June 2002. p. 98. http://www.fastcompany.com/online/59/pilot. html. (May 1, 2003)

第4章　工業化時代の原理とプロセスの崩壊

二十一世紀の国家安全保障の環境は、これまでの工業化社会が直面していた安全保障環境とは質的に異なる。(1) 現代の軍隊は、評価が困難で、従来型の軍隊の戦術や能力では対応することも困難である、広い分野に存在する潜在的脅威に対処する必要がある。死傷者や二次災害に対する懸念は、軍隊が従来よりもきわめて高品質で正確な情報を利用可能であることの重要性を際立たせるに至った。多くの作戦行動では、軍が多様な民間組織や非政府組織（ＮＧＯ）と連携することが求められる。その結果、事前対策と準備を必要とする事項、達成すべきより多くの複雑な一連のタスク、そして作戦失敗に対する許容度のさらなる低下といったことに関して、軍の計画立案者はこれまでになく不確定な状況に直面することを余儀なくされている。(2)

工業化時代の遺産

工業化時代の軍隊は「脅威主体」の計画を立案し、伝統的戦闘形態や戦闘能力のみに焦点を当てた作戦を実行する。これは、工業化時代に見られる分業と専門化に対する強い指向性がもたらした結果である。すなわち、当時考慮されていたのは、今日の任務空間においてはごくささいな一部分に過ぎないことであった。そして、工業化時代の軍隊は、広範な任務範囲における局所的な（そしてほぼ間違いなく関係の無い）領域を最適化させるようになってきた。最近、アメリカが「脅威主体」から「能力主体」の計画立案に移行しつつあるのは、このような視野狭窄を避けるためでもある。(3)

工業化時代の軍は、共同して任務にあたる訓練は行っていたが、それは専門を同じくする者同士の連携に限られていた。アメリカ海軍はイギリス海軍との共同作戦のほうが、自国陸軍との共同作戦よりもスムーズに実行できるとさえ言われている。この真偽のほどには議論の余地があるが、専門領域や文化を超えた協力は難しいという証拠は多く見られる。(4) 確かに、平和活動において軍隊と人道組織がうまく協力して活動するのは非常に難しい。(5)

工業化時代の軍隊は、規模拡大の結果としてもたらされた独自の組織編制のあり方や指揮統制のアプローチを有している。そして、簡単には変えることのできない戦闘のリズムを発展させてきた。しかし今日の任務の多くは、これらの業務プロセス特有のリズムよりも速く指令を出すことを要求している。二四時間対応のニュース番組の登場により、レポーターが戦況の進展に関するコメントを行うため、通常の戦闘リズムの変更を強いる状況が発生するようにもなった。たとえば標準時の異なる地域で起こる出来事は、適時的に対応する余地をアメリカや同盟国に与えず、各種紛争を絶えず進展させ、そしてその結果としてアメリカや同盟国を翻弄させるような、敵にとって都合の良い機会を作り出すに至った。(6) 我々はこの状況に対処するため、「年中無休、二十四時間対応」の情報組織を立ち上げざるをえなかったのである。これが軍事版のバーチャル組織であり、民間の情報化時代の組織によって利用されている仮想ヘルプデスクや仮想開発組織に非常に似ている。

従来型プロセスの崩壊に直面して、工業化時代の軍隊は様々な方法で対応してきた。たいていの場合、これに対応するためのより革新的な変化を行うことはせず、既存の組織とプロセスを見直すことで対処していた。工業化時代の軍隊は当初、軍事任務の範囲が拡大しつつあるという認識に対して次のような論理で対応していた。つまり、伝統的な軍隊組織、プロセスおよび能力は戦闘のような激務に耐えられるわけだから、「さほどストレスが多くない」任務にも適切に効果を上げることが出来るはずだ、という考え方である。あらゆる重要な軍事作戦が多国籍軍による行動となることが現実的なものとして明らかになるにつれ、彼らの初期の反応として見られたことは、単一の統合された指揮系統が必要であるという共通した認識だった。軍事作戦がもはや厳密な意味では軍事的ではなくなってきており、またさらに非常に様々な非軍事的側面を有し、実際問題として非軍事的視点からの各種指針に準ずる活動が求められるようになるにつれ、当初、分業と相互干渉解消の手段として工業化時代の原理を用いて軍はこの状況に対応しようとしてきた。その結果、非軍事組織と連携するために通常の軍事機能を司る構造とは別に、CIMIC（民軍協力センター）やCMOC（民軍作戦センター）といった組織を作り上げた(7)。これは、工業化時代の軍隊の指揮命令のスピードではもはやより俊敏な敵に対応するには不十分であることが明らかとなっているにもかかわらず、初期の対応では場当たり的回避策を拡張することで対応しようとしていたことを示している。最後に、二〇〇一年九月十一日の事件を適切に予期できなかった失敗の原因は、情報を共有し、それらを解析して結論を得ることができなかったためである。その結果、まず最初にあらゆる関係組織を統合する特別な組織を構築する取り組みがなされた。

　これらすべての初期対応にはある共通点が存在する。それは採用された業務プロセス、組織、指揮命令系統などの性質の面で、工業化時代の多くの前提に依存しているという点である。直面している安全保障の課題が複雑なものになっていることを鑑みると、現代の軍隊には以下の二つが必要となる。

① ある状況を判断するために情報のすべてを動員すること。
② ある状況に効果的に対処するためにそのすべての資産を動員すること。

　しかし分業、専門化、階層化、最適化および相互干渉の回避などの工業化時代の原則と慣行では、中央集権で計画し、分散して実行するというその時代の指揮命令系統と相まって、組織のあらゆる情報（および専門知識）や資産を動員することはできないであろう。さらに工業化時代の組織は、相互運用性や俊敏性の確保に配慮されていない。したがって、工業化時代の前提や実践に基づいた解決策は、情報化時代にあっては崩壊し失敗することになる。それは、いかに部隊がうまく目論もうと、努力しようと、あるいはしっかりとリーダーシップを発揮しようとも避けられない。

　情報化時代の軍隊に必要とされる二つの重要な能力は「相互運用性」と「俊敏性」である。工業化時代の思想に基づいて作られた組織は、相互運用性や俊敏性を飛躍的に発展させることには向いていないのである。

相互運用性と工業化時代の組織

前章で論じたように、工業化時代の軍隊組織は縦割り組織と中央集権的計画に満ちた多層の階層構造として発展してきた。縦割り組織の外にある者と情報を共有することもなく、通常は一緒に仕事をすることもない。それらの組織が別々に発展させてきたシステムは他者と協同して働くようにはできていないし、しばしばそのシステムは既存の手順や情報交換要求に最適化されている。さらに工業化時代の思考様式を持つ個人や組織では、相互運用性に対して強いニーズを感じることはない。彼らは、システムや手順を自分が受け持った業務に合わせて最適化することの方が必要であると考えている。組織全体が各部分の単純な総和であると考えるならば、このような傾向はごく当然であろう。そして実際そうだとすれば、このように専門的に特化された組織構成を越える連携は、ほとんどあるいはまったく無くても問題はない。工業化時代の組織体では、何らかのシナジーが必要とされる場合は計画がその必然性を示しているはずだという前提に立っていた。

このような考え方は、中央集権的計画に絶大な信頼を置いたものだ。中央集権的計画とは、工業化時代の原理の応用と、当時の通信およびコンピュータ関連技術の水準から導かれる当然の論理的帰結であるといえるだろう。しかしながらダイナミックで複雑な局面に直面するとき、中央集権的計画はうまく機能しない。中央集権的計画は、その目的が部分的に共通する一方で、優先順位・視点・制約の異なる参加者からなる同盟環境においてはうまく機能しないのである(8)。

最近まで、軍は他の様々な能力以上には相互運用性をさほど重要視していなかった。アメリカでは、ゴールドウォーター・ニコルズ法案(9)が可決されて、ようやくこれまで独自の道を歩んできた陸海空三軍の戦場における相互運用性をより向上させ、共同作戦にあたるよう真剣な努力がなされるようになった。Joint Vision 2010[10]においては「統合」がより重視された。しかし、世界中の軍事組織において実務幹部達が統合と相互運用性を促進するために努力し、また相互運用性のコストを低減するような最新の情報技術が大きく進歩していたにも関わらず、軍全体においては縦割り組織が依然として支配的だった。この状況は、一国の軍隊でも、特定の任務のために組織された多国籍軍でも変わりはない。

問題なのは、根強く残る工業化時代の思考様式、文化および行動規範などである。それは報酬体系や忠誠心および組織の構成要員、構成要員間の協調性といったことと関係がある。依然として、対処すべき問題というものは部分に（あるいは専門ごとに）分解することで対応が可能で、直面している課題に対処するために必要なシナジー効果は中央集権的計画によって得られると信じているような組織は、相互運用性を価値あるものと考えることは無いだろう。

情報化時代の到来により、近年「情報作戦」[11]として知られるようになってきた道具立てがもたらされた。それは戦争のための新しい手段であり、そして潜在的に強大な能力を持っている。この道具立ては、そのほとんどについて、従来そして現在においても小さな縦割り組織によって発展し続けている。しかし戦争におけるその価値は、物理領域における効果とともに、我々が情報領域と認知領域の個々において達成可能な効果を統合する能力によってもたらされる。相互運用性は、既存の組織、ドクトリン、システム、あるいは文化の上に構築することは不可能なのである。実際、依然としてほとんどの軍事組織では、情報作戦とは伝統的組織の枠組みの外で管理される別の機能とみなす傾向があるる。本著を執筆中に進行中であるイラク戦争での取組は、これらの努力のよりよい統合の例であるかもしれない。

幸い我々は、ほとんどの人が情報をより共有し、さらなる協業が必要であるとの認識に至りつつある。我々は直面する状況がますます複雑になっていることを理解し、異なる前提や異なる見解をもつ人々と協力しなければならない。そして効果的で適時的なやり方で、我々が今現在利用可能な様々な手段を組み合わせる力を身につける必要がある。

残念ながら、相互運用性を達成しようとする多くの取り組み方は、いまだに工業化時代の思考方法に根ざしている。この相互運用性に対する工業化時代の取り組み方は、必要な情報交換と情報のやりとりによる協業のやり方をあらかじめ定義することが可能であるという暗黙の前提に基づいている。

しかしながら多くの人々にとっては、事前の分析によりあらかじめ協業のやり方を吟味することができないということのみならず、ましてや誰がその情報に価値を見い出し、いつ必要となり、そして誰と誰が協業すべきかを事前に知ることはできないのだということは、にわかには信じがたいことだろう。実際に可能であったかはさておき、問題を「分割統治」手法により解決できるということが工業化時代の特徴であったわけであるから。

その結果、折にふれ言われてきたことであるが、「皆が皆と話をする必要がある」という状況になった。我々はいくぶん違った方法でそれを考慮することになる。我々のシステムやプロセスが誰と共に働くようになるかを知る術は無いので、それらのシステムはあまり協業を難しくするような仕組みにすべきではない。むしろ、システムは俊敏性を保つために、縦横無尽な接続が可能であるよう構築すべきである。我々のビジネスプロセスにおいても同様なことが言える。誰がどのような役割を担うかということと同じくらい、誰が参加するのかという点に関して、柔軟に適用できるものである必要がある。

俊敏性と工業化時代

工業化時代の組織は、その性質上、俊敏性を除けばあらゆるものを備えているといえる。俊敏な組織は予期せぬ問題に対処し、新しい方法で任務を遂行し、さらに新しい任務を遂行できるよう学習できなければならない。俊敏な組織とは、不確実性に直面したときに身動きが取れなくなったり、あるいはその能力が阻害されたり低下させられたときに崩壊するようではまずいのである。俊敏な組織は破壊的な革新に耐え、場合によっては積極的にその機会をうまく利用する必要がある。俊敏な組織に首尾一貫した対応を確実に行う必要が生じるときには、常に状況を把握し、必要に応じて結合・再結合できる情報を取得することが求められる。そしてそのような組織は、その組織を構成する多くの個人や構成要素の能力に依存している。工業化時代の組織から俊敏性というものが抜け落ちている理由は、ただ単に機構的な相互運用性の欠如ということに留まらず、組織の俊敏性に著しく影響のある相互運用性そのものの欠如による。この俊敏性の欠如は、工業化時代の信念でもあった最適化や中央集権的計画に直接起因している。

「最適値」という言葉の裏には、定義域内の応答曲面に関して十分な知識を有しているという前提がある。応答曲面は複数の点によって構成され、個々の点はある状況や状態において取り得る選択肢の価値に相当する（そして一連の値の集まりは、状況を特徴付ける独立変数の集合に相当する）。図

2に応答曲面の例を示す。最適化は、図3に描かれるように最もよい結果、すなわち全体最適を与える解（つまり軍の取り得る選択肢、組織形態、プロセス、システム設計等）を見つけるためのプロセスである。最適化はトレードオフを伴う。最良の結果（全体最適の条件）をもたらす選択肢と、全体最適ではないものの与えられた条件よりもさらに広い範囲で良い評価関数の値を維持する選択肢の間で択一を迫られたとき、工業化時代の組織は機械的に全体最適な解を選ぶようになっていた。このような状況は、専門家たちによって非常に狭い視野での決定がなされていたことによる。現実世界にあたりまえのようにある複雑性や不確実性といったものは、任務と軍の分業化によって画一的に検討の対象から除外されるようになっていた。

このような最適化への執着は、目前の状況に対して最善の効果を得ようと望むあまり、しばしば俊敏性を犠牲にする選択肢を選ぶ結果につながる。例えば、敵が予想通りに行動する限りにおいて有効な軍事的選択肢、利用が予想されるリンクしか有さないネットワーク、あるいは迅速ではあるけれども作戦への参加を制限してしまうようなプロセスなどがこの状況に相当する。物事が予想通りに進むときは、これらは非常にうまく働く。このように不確定性の大きな状況の中で、最終的な判断においてはギャンブル的判断を免れないとしても、情報化時代の特質である関係する状況の多様さ、状況変化の速さと複雑性、そして特有の不確定性などを勘案すると、画一的に最適値を選ぼうとするやり方はうまいやり方とは言えない。

中央集権的計画によるプロセスは、最適化が可能であるという信仰を具現化したものだ。中央集権的計画が機能するには、以下のすべてをこなす比較的少人数の小さなグループにおいて、適時的なや

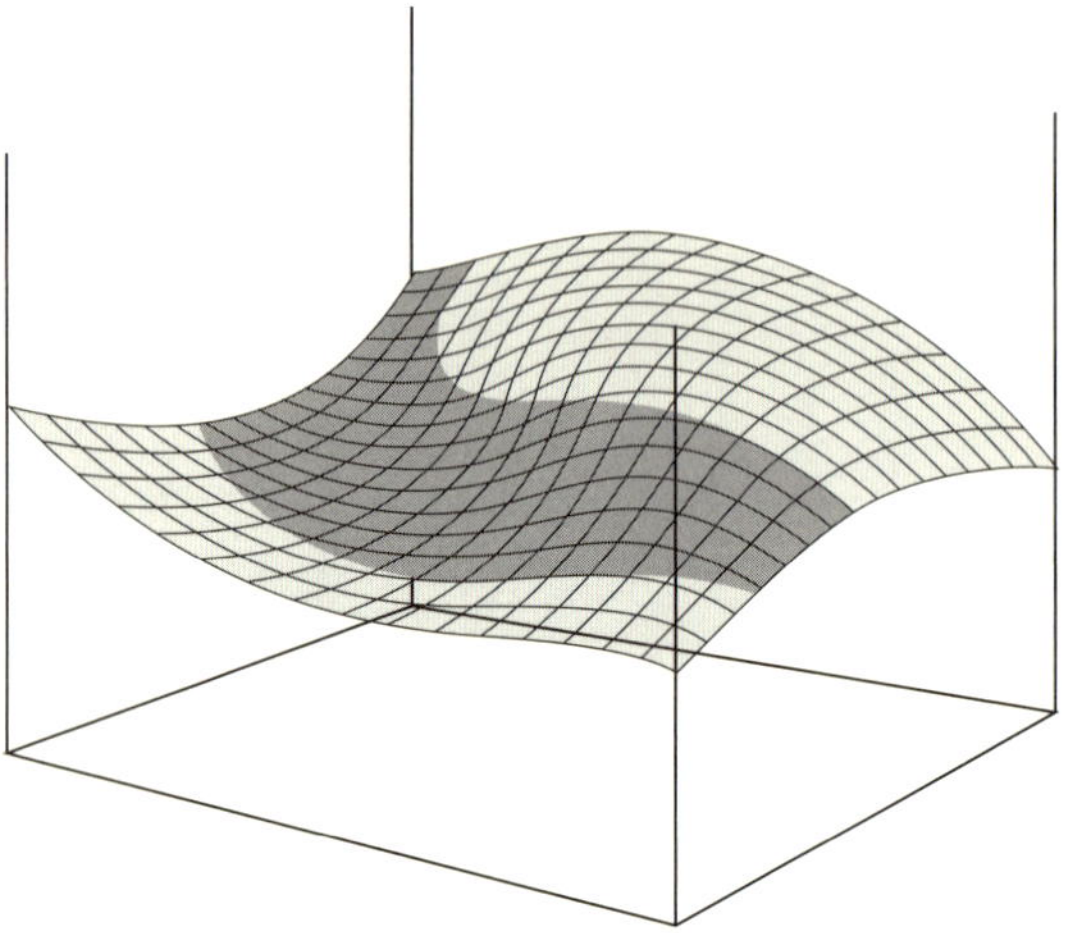

図２　応答曲面の例

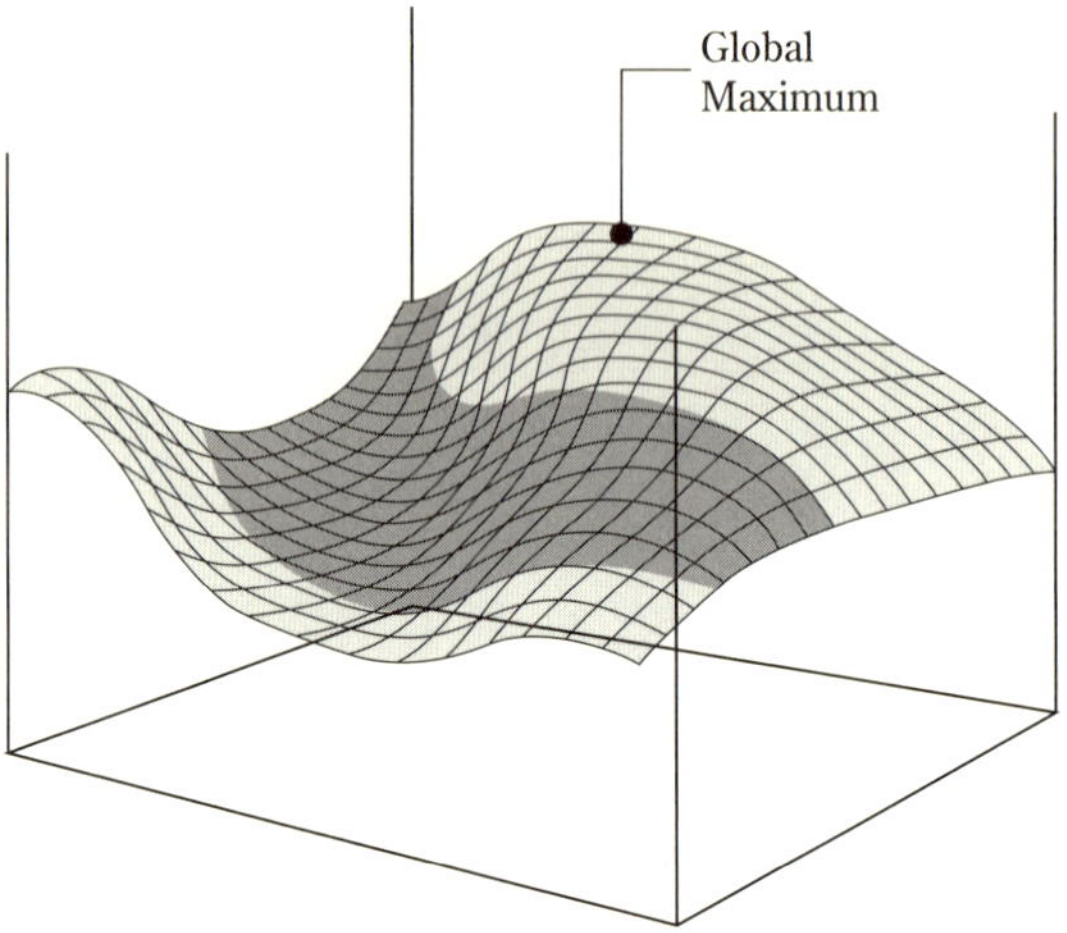

図３　全体最適値の位置

り方でそれらすべてが実行可能である必要がある。これらの条件とは、状況を把握し、変化の激しい環境に直面してもこれを維持し、何が起こるかを予見し、適切に対応するための戦略を練り、それを首尾一貫した一連の実行可能なタスクに分解し、リソースを割り当て、部隊に任務として与え、実行を監視し、そして必要に応じて修正を加えることである。実際、還元主義の力への信奉と最適化を求める強い要求に反し、中央集権的計画はしばしば最適化を妨げるような一連のプロセスへと変化してきた。軍の任務や要素間での干渉を避けるためにデザインされていた中央集権的プロセスは、皮肉にもお互いに口出ししないだけならばまだしも、あろうことか相互に傷つけ合うような事態を招いてきた。彼らはシナジーではなく、干渉の排除という能力を獲得したのである。これは、達成されるべき最適値のあらゆる近傍における同時性とシナジーを妨げる。中央集権的計画は、俊敏性とは最もかけ離れた対極にある。なぜなら、①中央集権的計画はまさに対応の必要な状況下では変化への認識と応答が極めて遅く、②必要な情報を十分に入手できない参加者を生み出し、③行動に多くの制約を課すからである。

情報化時代と工業化時代の組織

工業化時代の組織が情報化時代の競争に耐えられないのは、その情報の取り扱い方法に原因がある。より厳密に言えば、工業化時代の組織では様々な情報とそれを処理するために利用可能な各種専門的技術を活用できないからである。広く全体で情報共有することを進めていない組織では、個人や組織の各部署にまで情報をうまく行き渡らせることができない。入手できる情報を有効活用するようなア

プローチで指揮統制を進めている組織が競争優位に立てるのである。(12)

工業化時代の組織は、固定化された「継ぎ目」を生み出す。そのような継ぎ目は、利用されるべき情報の流れをせき止める。そしてそれらの情報が組み合わされて生まれるはずの効果をも妨げる。このような組織が生き残るのは、他の組織が競争環境において、情報化時代のコンセプトと技術を活用できるようになるまでのわずかの間だけである。しかし、それもさほど長続きはしない。

責任の所在や「最後に私が責任をとる（故トルーマン大統領の言葉）」と言える人間の所在を明確にするために階層構造が必要であることは万人が認めるところではあるが、それでも工業化時代の枠組みから発達した階層構造は、責任と権限の不整合や適正な説明責任の欠如により機能不全に陥る。まさに階層化における模範と思われている組織（軍事組織）においても、適切に責任を割り当てられなかったとか、権限と責任の整合に失敗したということが記録として残っていることには多くの理由がある。(13)それらシステム的な問題は縦割り組織によって生ずる「継ぎ目」（多くの機能群や三軍の間の継ぎ目）に起因する。これらの継ぎ目は役割と責任の間にずれを生じ、相互運用性に対する義務、情報共有、そして協調行動といった軍の変革に必要な要素の欠落に繋がる。これらの間違いは、間違った行動を「する」ことよりも、むしろ行動を「しない」ことに起因しているのである。これらは、より大きな組織や任務の大儀のために細部に目をつぶることをせず、局所的に最適な決断を下してしまうという失敗にしばしば関係している。このように伝統的な軍の階層構造の中では、右のような問題を取り扱うのは困難を極める。

図４　ナポレオン軍の伍長（左）[14]と戦略的伍長（右）[15]の比較

二人の伍長の物語

二つの異なる時代の同じ役職、すなわちナポレオン時代の伍長と戦略伍長に割り当てられた役割の違いほど、工業化時代と情報化時代での戦争の違いを明確に示すものはないであろう（図4）。

ナポレオン時代の伍長は、皇帝の中央管制内において昼夜兼行で呼び出しを待つように命じられていた。当時の伍長の役割は、将軍へ伝える前の草稿段階にある命令をナポレオンから聞いて、理解可能かどうかをチェックすることだった。伍長でも理解を誤る余地がないほど明確に仕上げられたことが確認されたら、その命令を発令しても良いと判断するようにしていたのである。ある意味これは、現代のKISS原則「物事は単純にしておけ、バカヤロー（Keep It Sinple, Stupid）」の当時版でもあったと言える。もちろんこのような慣行は、当時の伍長の知性が（皇帝から命令を受ける役職としては）さほど高くなく、指令意図の微妙な命令の内容の誤解によってたちまち混乱してしまう状況があったため、命令は努めて誤解を生じぬよう巧みに発せられねばならなかったという当時の状況を暗に示している。

これとは対照的に、現代の戦略的伍長は情報化時代の申し子と言えるだろう。戦略的伍長は多くの任務にわたって対応する能力を有し、決断を下すことが求められる。実質的には、その本来の責任範囲を遥かに超えた役割を担った下級下士官のことである。たとえば戦略的伍長は、平和維持活動において深夜に路上封鎖を受け持つ場合もある。そのとき、もしバリケードに向かって猛スピードで突進してくる民間車両があり、止まる気配が無いとすると、どう対処するかは彼（最近は女性も増えている）が判断しなければならない。もし侵入者がまったく罪のない民間人であるならば、その車両に発砲すれば死傷者が発生し、（さらに好ましからざる報道がなされて）居住民からの信頼を失うことになりかねない。しかし敵であるならば、その侵入阻止に失敗したら部隊は攻撃を受け、その後の爆破や殺戮といった破壊的イベント、あるいは道路の秩序維持ができなくなる結果を招くかもしれない。その伍長は、「過去に同種の事件があったか？　それはどんな乗物か？　中にはどんな乗員が乗っていることが多かったか？」といった状況認識、彼が受けた指示、交戦規則、そして彼自身の判断や常識に基づいて決定を下さなければならない。

アメリカ海兵隊チャールズ・クルラック将軍は、「三ブロックの戦争（three-block war）」を戦う必要性を論じた際、戦略的伍長に求められる柔軟性や革新性といった重要性への注目を喚起した。彼は以下のように述べている。

「ある瞬間には、我が軍の隊員は住居を追われた難民に食料や衣料を供給する人道的支援活動にあたることもあるだろう。しかし次の瞬間には、戦闘している二つの部族を引き離す平和維持活動にあたることもある。そしてまた、多くの死傷者が出る可能性のある中程度の戦闘で戦うことにもなる。これらのことが、すべて同じ日に、わずか3区画程度の範囲で起こる。これが『三ブロックの戦争』と我々が呼ぶものだ[16]。」

本書執筆時にアフガニスタンやイラクで起こっている状況を鑑みると、この説明は未来を予見したものだったと言える。柔軟性、革新性および適応性は、このような状況全般にわたって効果的に対応することが求められる軍のすべての部隊が必要とする資質である。このことは軍に対し、あらゆるレベルにおいて意思決定できる人材の教育や登用といった要求をつきつけていることを意味する。

ごく最近の紛争での二つのエピソードが今日の下級下士官の真の能力を示しており、将来へ向けての大きな希望を抱かせてくれる。一つはコソボにおけるカナダ軍のエピソード、そしてもう一つはハイチ駐留アメリカ軍でのエピソードである。いずれの話も口コミで伝わるうちに内容が変わってきているかもしれないが、しかしその基本的なところは真実に根ざしたものである。

コソボの事例は、制圧予定の村で武器を探しだすためにパトロール隊が送られてきた時に起こったものだ。あるカナダ軍の兵士達は、ほとんど女性だけで占められた家に入るのに許可を得ねばならなかった。効率的に探索をするために、探索隊は爆弾検出の訓練を受けた小型犬（コッカー・スパニエル）を使っていた。最初の家でパトロールを指揮していた伍長は、ドアの傍にたたずむ女性に兵士が武器の捜索のため家へ入っても構わないか尋ねた。婦人は「その『武器』とは兵隊さんが『後で取りに来るから』と言って置いていったもののことかね？」と質問した。兵士はとまどうことなくただちに「そうだ」と答え、大量の武器を発見することができた。その後のパトロールでカナダ軍は、軍が兵器を置いていっていないかと尋ねるようにした。別の家では、戸口に出た婦人が犬に水をあげましょうと申し出た。家の中に入るとすぐに、その犬は爆発物をみつけたのである。それからその隊は、家の主人へ「犬に水をやりたいのだが」と頼むようになったのである。(17)

もう一つの話は、ハイチに勤務していたアメリカ軍伍長が、現地の政治体制が変わり、（市長などの）政治権力や警察力が失われていたため、自分がその村の安全を確保する責任を負うことになったときのものである。ある午後、かなり動揺している女性が叫びながら腕を振り回して兵隊に向かって駆けてきた。その婦人を鎮めようと様々な努力をしたが、数分後、通訳が「その女性はとても怖がっている。なぜなら、他の村人が彼女に呪いをかけて、彼女とその家族をおびえさせてしまったからだ」と伝えた。伍長はこのことを聞き、彼のユーティリティベルトのポーチから紙袋を取り出した。そしてそこで大きな声でノートルダムの戦勝歌を歌いながら、その女性の上から封筒の口を切って中身（茶色の粉末）を撒き散らしたのである。その夫人は落ち着きをとりもどし、その兵士に呪いを解いてくれた礼を言い、家に戻って家人にアメリカの兵隊が皆を救けてくれたと伝えた。その封筒の中身は挽いたコーヒーの粉だったのである。

最後になるが、本稿執筆中、新聞の「イラクの自由作戦」に関する記事で、空軍上級将校が次のように述べている。「はじめの数日間は、事態の進行があまりに早く、様々なことを最適な方法で処理することは困難を極めた。あらゆることを同時に進めるためには代償が必要だった。[18]」これを我々の言葉に置き換えると、「期待した効果を生み出した迅速な部分最適化は、明らかに兵器、システム、プラットフォームのすべてを最適化しようとする鈍重で遅いプロセスよりも好ましいものだった」ということである。俊敏なC2は、次第に現実のものとなりつつある。あらゆるレベルでより優れた革新的アイデアと柔軟性が得られるように、業務プロセスと組織構造は最適化されねばならない。

情報化時代の軍は、あらゆる戦争の領域で俊敏性を必要とするが、何よりも認知領域と社会領域が重要となる。より多くの戦略的伍長を採用し、養成し、そして権限を与えねばならないのである。

■ノート

(1) Creveld, *Transformation*.

(2) ABCA. *Coalition Operations Handbook*. American-British-Canadian-Australian Program. 2001.
http://www.abca.hqda.pentagon.mil/Publications/COH/ABCACOH.PDF. (May 1, 2003)
Clark, W.K. *Waging Modern War*. New York, NY: Perseus Books. 2001.
Pierce, L.G. and E.K. Bowman. "Cultural barriers to teamwork in a multinational coalition environment." *23rd Army Science Conference*. Orlando, FL. Dec 2-5, 2002.

(3) Davis, Paul K. "Institutionalizing Planning for Adaptiveness." in Paul K. Davis, ed., *New Challenges for Defense Planning Rethinking How Much Is Enough*. Santa Monica, CA: RAND, MR-400-RC. 1994c.

(4) Katzenbach, Jon R. and Douglas K. Smith. *The Discipline of Teams: A Mindbook-Workbook for Delivering Small Group Performance*. New York, NY: John Wiley & Sons, Inc. 2001.

(5) Wentz, *Bosnia*. p. 119.
Wentz, *Kosovo*. p. 269.
Davidson, Lisa Witzig, Margaret Daly Hayes, and James J. Landon. *Humanitarian and Peace Operations: NGOs and the Military in the Interagency Process*. Washington, DC: CCRP Publications Series. December 1996.

(6) Wentz, *Bosnia*. p. 167.

Wentz, *Kosovo*. p. 175.

Siegel, Pascale Combelles. *Target Bosnia: Integrating Information Activities in Peace Operations*. NATO-Led Operations in Bosnia-Herzegovina. Washington, DC: CCRP Publication Series. 1998.

（7） "CIMIC Reconstruction." *NATO Review*. Vol 49, No 1. Brussels, BEL: NATO. Spring 2001. http://www.nato.int/docu/review/2001/0101-06.htm.（Apr 1, 2003）Wentz, Kosovo. p. 269.

Davidson, *Humanitarian*.

Elmquist, Michael. "CIMIC in East Timor: An account of civil-military cooperation, coordination and collaboration in the early phases of the East Timor relief operation." UN Office for the Coordination of Humanitarian Affairs（OCHA）. 1999.

http://wwwnotes.reliefweb.int/files/rwdomino.nsf/4c6be8192aef259cc12564f500422b3c/313ad8c125d1212cc125684f004a48bd OpenDocument.（Apr 1, 2003）

（8） Alberts, *Command Arrangements*.

Weick, K.E. & Sutcliffe, K.M. *Managing the Unexpected: Assuring High Performance in an Age of Complexity*. San Francisco, CA: Jossey-Wiley. 2001.

Roberts, Nancy. "Coping with the Wicked Problems: The Case of Afghanistan." Jones, L., J. Guthrie, and P. Steane, eds. *International Public Management Reform: Lessons from Experience*. London, ENG: Elsevier. 2001.

（9） 聴取内容の全文、レポート、但し書きなどは米国防総合大学より 2003/3/21 に提供されている。
http://www.ndu.edu/library/goldnich/goldnich.html.（Apr 1, 2003）

(10) Chairman of the Joint Chiefs of Staff. *Joint Vision 2010*. Washington, DC: Department of Defense, Joint Chiefs of Staff. 1996. p. 9.

(11) この言葉の意味するところは「戦争において情報を活用する」ことである。同様な言葉がしばしば心理作戦、メディア関係論、開かれた外交、そして同様な事柄を指し示すために使われる。これらは全て「情報作戦」に含まれるが、それは情報作戦のごく一部でしかない。「情報戦」とは「情報作戦」に先立ち一九九〇年代半ばに頻繁に使われた言葉である。

(12) Alberts, *Understanding*.

(13) 真珠湾攻撃では、第十四海軍区のケースにおいて責任を割り当てる上での次のような著しい失敗があった。Bloch 提督はどの最高司令官が航空機の状態と準備状況に関し問題が発生した場合に責任をとるか知らなかったと証言したのである。

Ferguson, Homer, and Owen Brewster. “Minority Pearl Harbor Report.” Joint Committee on the Investigation of the Pearl Harbor Attack, Congress of the United States. Pursuant to S. Con. Res. 27. *Investigation of the Pearl Harbor Attack*. 79th Congress, 2nd Session. Washington, DC: Government Printing Office. 1946. p. 493ff.
http://www.ibiblio.org/pha/pha/congress/part_0.html.（May 1, 2003）

(14) “Napoleonic uniform, 1807-1812 French Fusilier dress.

(15) Garamone, Jim. “Army Tests Land Warrior for 21st Century Soldier.” *American Forces Press Service*.Department of Defense DefenseLink.
http://www.defenselink.mil/news/Sep1998/9809117b.jpg.（Apr 1, 2003）

(16) Krulak, Charles. "The Strategic Corporal: Leadership in the Three Block War." *Marine Corps Gazette.* Vol 83, No 1. January 1999. pp. 18–22.

(17) Hillier, Major General. Rick J. "Leadership Thoughts from Canada's Army: Follow Me." Keynote Address of the 7th International Command and Control Research and Technology Symposium. Quebec City, QC: Canada. September 16–20, 2002.

(18) Graham, Bradley, and Vernon Loeb. "An Air War of Might, Coordination and Risks." *The Washington Post.* Apr 27, 2003. p. A01.

第5章　情報化時代

「経済力」と「権力」は、歴史的に密接に関係している。工業化時代と情報化時代を区別するのは「情報の経済学」と「情報が持つ力の性質」である。情報化時代の到来により、広範囲にわたる情報関連サービスとそれらが持つ能力を利用できるようになった。これは一昔前では単なる夢物語でしかなかったことである。このような情報に対するアクセスの増加は、我々がチームを組織し、管理し、コントロールする方法を再考する機会を与えてくれる。

情報の経済力

文明化に影響を及ぼす、複数の次元における不連続性を引き起こすような「何か」が起こったときは、「Ages = 時代」という言葉により明確な区別がなされる。情報化時代の最初のかすかな啓示が電信の発明だったのか、はたまた本だったのかという議論は尽きないが、しかし一般的には情報化時代の初期の兆候は、（それが最初でなくとも）ジョン・ネスビッツ、パトリシア・アバディーン、アルビン・トフラーおよびロバート・ラッセルといった作家が、製造業の衰退と経済の新時代の到来を予感させる事象として、コンピュータの増加について語り始めた(1)一九八〇年代中頃と考えられている。計算機処理とコミュニケーション技術が、実用的なネットワークとして結実するに至る進歩を遂げたのはごく最近のことであり、これによって我々は真の「情報化時代」に踏み出したのである。(2)

不連続な状態が広範囲にわたって見られるとき、その核心にあるのは多数の価値創造プロセスにおける変化である。前著 *“Understanding Information Age Warfare”*(3) で見てきたように、それらは情報の経済学における変化であり、そして情報化時代においてようやく開花したそれら変化の具現化である。情報の多様性、到達性、そして仮想対話の同時並行的な品質改善は、様々な障壁を低減しつつある。その障壁とは、例えば時間と空間による制約、あるいは機能的、組織的そして政治的境界によって分断された個人あるいは個人からなる集団の集約的な活動に対する制約等である。そして、情報の経済学の変化は「情報の力」の概念を再定義しつつある。

情報の力の再定義

「情報は力である」。しかしながら近年、この格言の意味は根本的に再定義されている。この再定義の核心は、情報化時代における社会、政治、経済学および組織において進行中の「変革」にある。それは「エッジ型組織」の実現を可能にする。

よく言われる「知は力なり(4)」という言葉の元々の概念は、ある個人が持つ「知」の価値が、その個人が持つ「情報」と相関があるという意味である。個人が独占的に所有すればするほど、情報の価値は増大した。従って「情報」は、希少性が価値を生むようなその他様々なものと同じような価値を持つものだった。個人的・組織的行動は、その「価値の枠組み」を反映するようになる。情報を「囲い込むこと」と「希少性を上手く利用すること」は、しばらくの間、情報の標準的な活用方法だった。この活用方法は生産性向上に反しているが、「共有しないこと」と「協業しないこと」は容認されてきた。実際、それらは多くの場合、階層的・官僚的な組織の中で長い間よく見られてきた規範だった。

しかし、情報の経済学が変化してきたことで、これらの振る舞いはもはや容認できなくなってきている。情報のコストおよびその普及コストの急激な下落により、ほとんどすべての製品あるいはサービスにおけるバリューチェーンにおいて、情報が支配的な要因となった。コストが下がるに従って参入障壁も低くなる。ゆえに多くの領域における競合各社は、ビジネスプロセスや製品が市場において新たな価値を生むよう、「安上がりな」情報や通信技術という手段によって提供される商機を利用しようとしている。

これらの傾向は、国家安全保障の現状においても当てはまる。情報化時代の「概念と技術」は、二国間対立や部分的衝突、あるいは非対称な敵によって利用されつつある。国家安全保障の課題は、大量破壊兵器のサイズとその製造コストの指数関数的縮小により、そして以前にもましてボーダレス化した二十一世紀世界の到来によって深刻となっている。

国防総省において、工業化時代の慣例より生じ、現在においても連綿と続く「プロセスと実務の『非共有』と『非協力』」は、もはや容認できない事態となっている。なぜならば、情報の力はあらゆる規模と能力において敵に競争優位性を与えるからである。我々の旧来の軍事対立国家と同盟は、我々よりも変化に対していく分後ろ向きで、失敗への適応はゆっくりとしたものだろうという（楽観的）議論は、二〇〇一年九月十一日の事件の重要性を見逃すことになる。重要なのは、安全保障環境がこの事件以降まったく変わってしまったことである。しかもこの新しい安全保障環境は、桁違いに速い状況認識とその対応を必要とするのである。さらに言えば、状況を認識するためには、①新しいソースも含めて複数ソースの情報、②多岐にわたる専門知識と視点（利用可能な情報および知識を理解し、不要なものを捨て、統合すること）、そして③複数の領域にわたって同期した効果を素早く生かすことが重要である。

これらは組織全体を通して、情報に関係した能力を著しく強化することと同時に、取り組み姿勢、行動、プロセスを変えることなしには簡単には実現できない。

パワートゥザエッジ（PTE）を可能にする技術

現在進行中の情報革命とは、情報の「多様性」と「到達範囲」、そして技術の進歩の結果によって可能となった構成要素同士の相互作用の品質に関するものだ。構成要素が取り組みの中で演ずることのできる役割は、構成要素同士の間でなされるそれら相互作用の性質に依存する。現実的に実現性のあるこれらの相互作用の特徴は、すべて情報の経済学に関係している。情報の経済学は、情報技術の到達水準とその実用化に大きく依存している。二十世紀後半の情報技術の爆発は、本質的に地理的・時間的に分け隔てられた構成要素同士の相互対話を可能にするような方法を実現してきた[5]。

技術が進歩し、要求したサービスの提供コストが減少するにつれ、通信能力は改善し、情報配信に関する課題は変わっていく。我々は、時間と空間において同期している場合のみ地理的に離れた個人同士が対話可能であった時代から、時間と空間において同期していなくても対話できる時代へと移行してきた。これら二つの新しい能力により、情報の配信を支配する一連の制約要因は減少してきた。

電話による情報交換の特徴

このような情報技術の革新(6)は、一九七〇年代のアナログ回線交換による情報通信技術によって実現された能力から始まる。ほとんどすべての市場浸透によって、少なくとも電話は、理論的にはアメリカ国内の誰とでも話をすることができる方法を提供した。理論的には、あなたは話したい人の電話番号を知る必要があるが、正しい電話番号が手元にあって、双方とも電話の近くに同時に存在したならば、人々はアメリカのいかなる場所にいても互いに話すことができる。従って、地理的に離れた個人同士が音声によって通信するには、彼らが同じ時刻に特定の場所にいることを前提としていた。この種のコミュニケーションは、該当の個々人が時間と空間において同期することを必要としていた。

この通信能力の浸透により、当時のアメリカでは誰もが他の誰かに知ってほしい情報を伝える「手段」を手に入れたのである。しかし利用者が実際にそれを達成するためには、次の三つの障壁を克服する必要があった。つまり第一に、その情報が、それを入手した人が知っておいて価値のあるものである事を認識すること（一番目の「スマート」）。第二に、情報を送る人が、その情報が誰にとって有用であるか、かつその人の電話番号を知っていること（二番目の「スマート」）。そして第三に、先の二つの条件が満たされた上で、その情報が伝達されていくのに必要な時間の総計が、①一人の人がその必要性を理解し、②その人が適切な電話番号を入手し、そして③両者が時間と空間において同期するのに必要な時間に依存していたという点である。従って、電話を使った情報提供や情報交換においては、我々は情報の配布に関して「スマート・スマート・プッシュ」アプローチに依存せざるをえなかった。電話による「スマート・スマート・プッシュ」は、プッシュを行う人（情報を提供する人）は、どんな情報がどんな人に必要なのか、加えてどうやってその人にたどり着くのか、さらにその情報の受け手がいつになったらその情報を受け取れるかを知っておく必要がある。このような条件を満たすことは並大抵のことではなく、任務が伝統的なものではなく、より複雑になってくると、非常に厄介な要求事項となる。図5は、電話の能力を情報領域の三つの属性（情報の到達性、多様性、相互対話の品質）で示したものである。(7)

与えられた情報の断片の価値や重要性といったものには、その文脈や状況への依存性があるため、相手側が直面している状況に関する適切な理解がなければ、情報を持っている構成要素はその潜在的価値や緊急性といったものを判断できない。このことは、誰が何を必要としているかを知っておくべき人にとって、負担を高くしてしまう。この議論を一個人から、例えば国防総省などの大きな組織へ拡張してみよう。そのような組織を構成するいかなる個人あるいは小さなグループも、小さな情報のどの断片が組織活動全体を通じて同じく組織を構成するその他の人々に、今現在あるいは将来的に影響を与える可能性があるかを知る術が無いということを意味する。従って、情報の所有者側がどんなに一生懸命その状況を理解し、監視し、そして他者に対してその重要性を強調しようとしても、情報の収集者あるいは所有者側は、その情報が価値のあるものであることを理解するほんの少数の個人を見つけることなどできないし、ましてやその情報を切望している人たちの存在を知る術もない。この

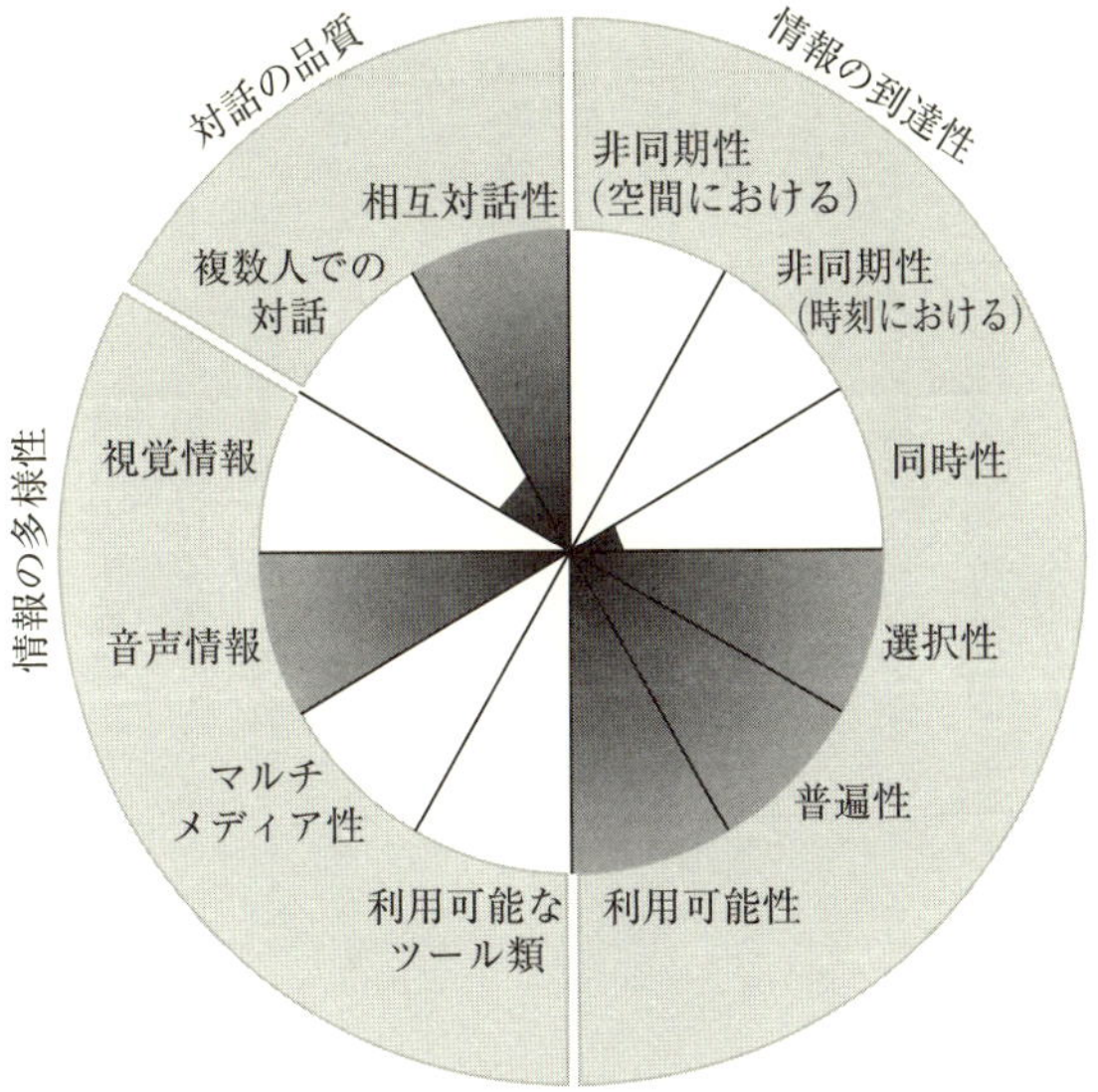

図5　電話による情報交換の能力

議論を拡張すると、各個人は、それぞれの状況下では異なる情報へのニーズと異なるあいまいさの度合いを許容できるので、どの情報を流すべきかという決定権を情報の所有者が持つことはできないという結論に達する。実際、「情報の所有者」という概念は、情報化時代の考え方と著しく逆行している。

一九七〇年代における情報の普及は、情報を必要としている人々を認識し、これらの人々を知っている情報の所有者の能力（そしてその意思）によって制限されていた。結果として、情報は広く配信されず、その活用も限定的なものだった。むしろ情報の配信は、選ばれた組織構成要素とそれらに関連のある指揮系統に制限されていた。

ブロードキャストによる情報交換の特徴

一九七〇年代の終わりに国防総省はブロードキャスト能力を手に入れ、二点間通信から多点間通信の形態へ移行した。すなわち情報の所有者は、情報を必要としている人が聞いていることを期待しつつ、その情報を一斉に流すことができるようになったのである。しかしその技術は、情報を退避させたり保存しておくことはできなかった。(8) 従ってブロードキャストされているときに誰かが聞いていなければ、その情報は消え去るのみであった。もちろん、それを再送することもできるが、情報到達の確率をほんのちょっと向上させるにすぎない。受信者の視点からすれば、異なるチャンネルで多くのブロードキャストが一斉になされている状態である。しかし、四六時中すべてのブロードキャストに注意を払うことはできない。ブロードキャストという形態では、二点間通信のコミュニケーション方法と同じように（空間的に同期する必要はないが）、情報が伝達されるためには受け手側が時間的に同期する必要がある。図6に、これらの能力と制約を示す。しかしながらブロードキャストの形態では、情報を伝えたい個人は情報を必要とする人々を識別したりその電話番号を知る必要がないので、「スマート（情報が重要であるということを知っていること）」がひとつあれば十分である。従ってブロードキャストは、「スマート・プッシュ型」だと言える。

しかしながら電話での会話と異なり、ブロードキャストは情報の受信確認が不可能である。もちろん、情報を保有している人は電話とブロードキャストの両方を使用することができるので、ブロードキャスト能力の獲得は、少なくとも多くの人が同時に意図した情報を受け取ることができるという著しい優位性をもたらす。電話と結合したブロードキャストは、適切なときに適切な個人に情報を供給

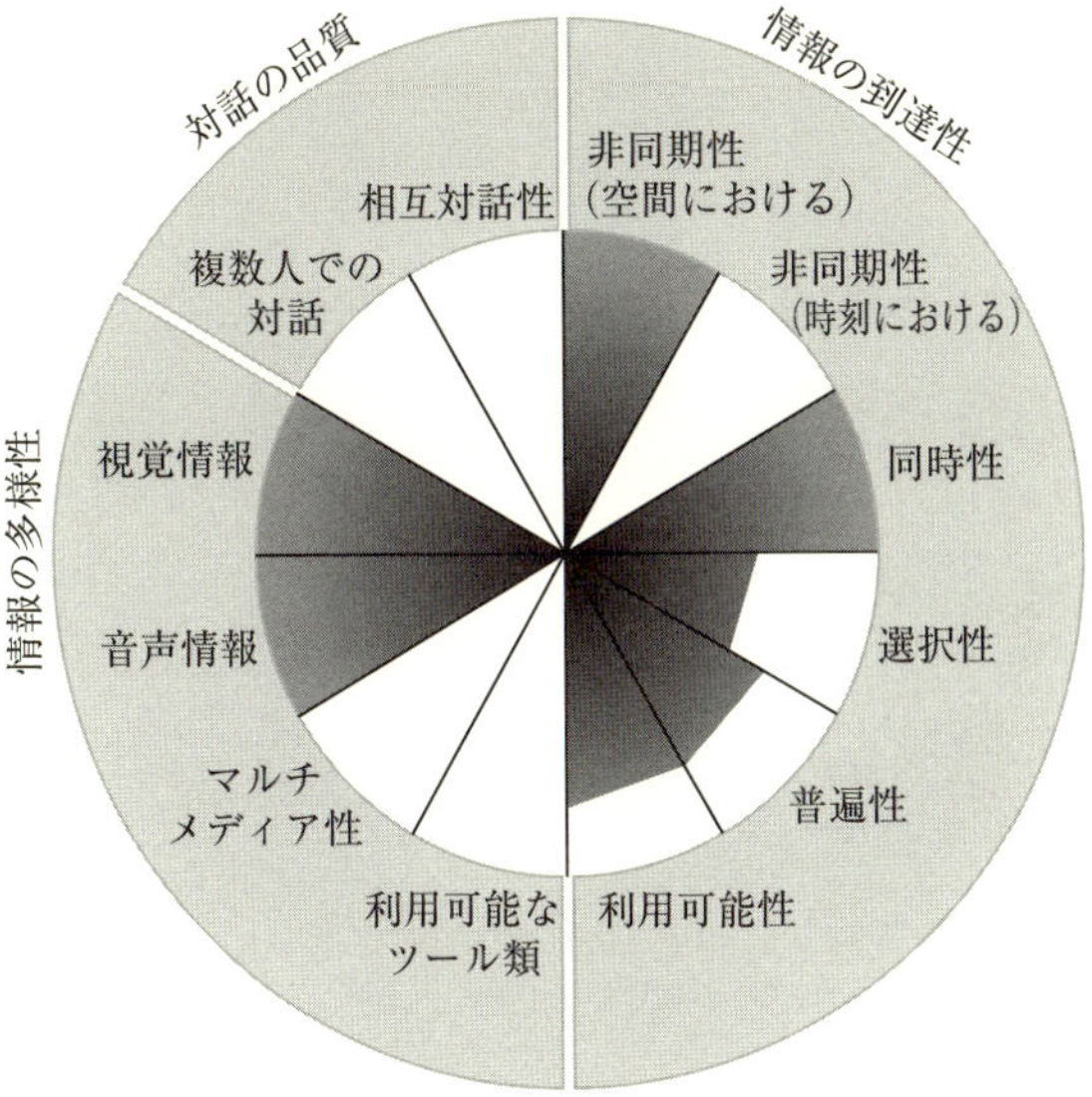

図6　放送による情報交換の能力

することを助けていた。しかし一方で、電話とブロードキャストの能力だけでは、情報の普及能力があるべき姿になるまでにまだ多くの課題を残している。

電子メール交換の特徴

電子メールシステムは一九八〇年代に登場した。電話の場合と同様、依然として通信したい相手のメールアドレスを知る必要がある（もちろん組織によっては、その組織の個人が相手の個人情報やアドレスを知らなくても、個人のある種の特徴、たとえば組織内のあるグループに所属していることなどを利用して特定グループへメッセージを送付することはできるわけだが）。電子メールが提供する大きな進歩は、情報のやり取りをする二者が、もはや時間の同期をとる必要がない

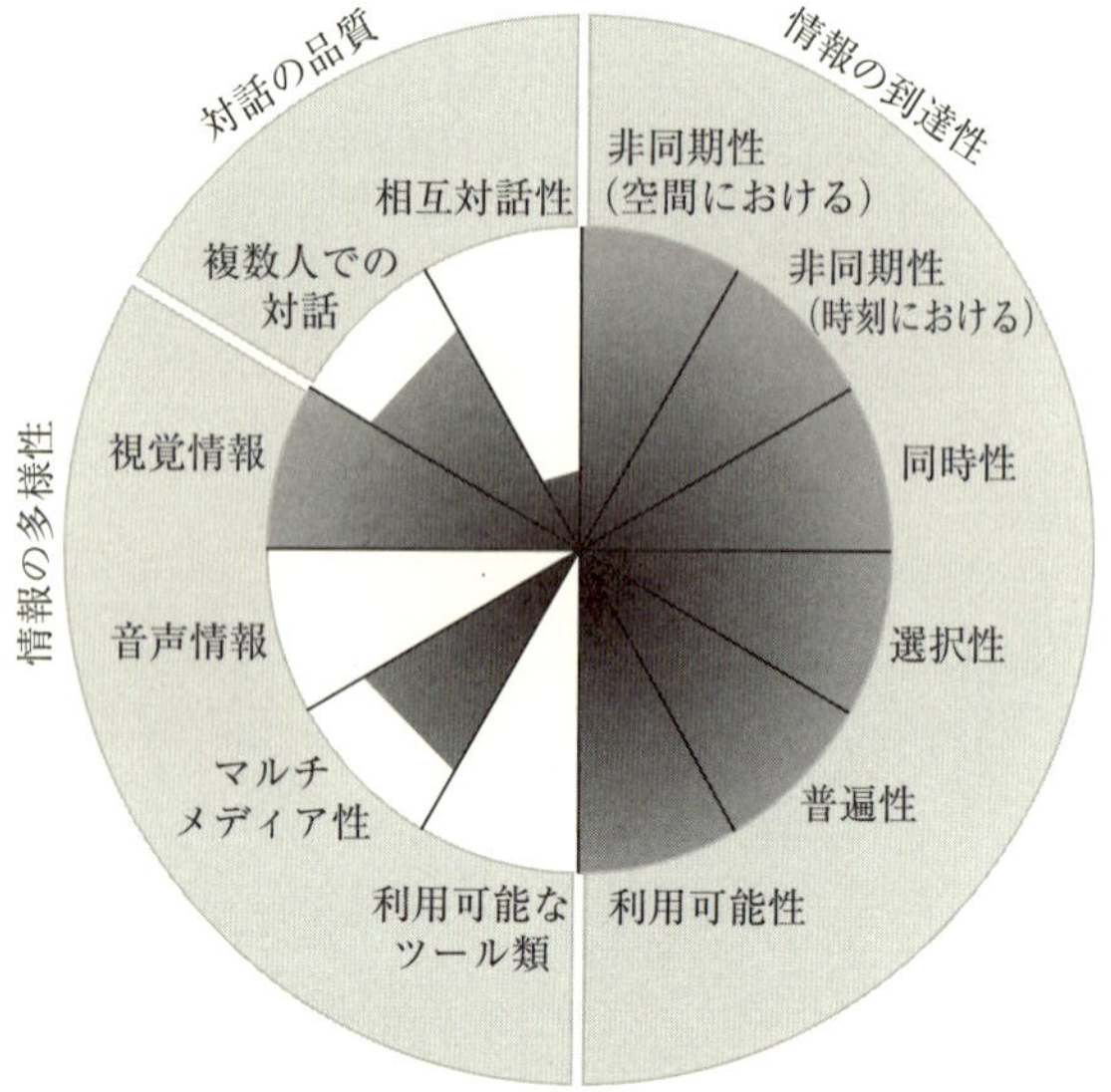

図７　電子メールによる情報交換の能力

ということである。また、無線通信機能のついたＰＤＡ（例えばブラックベリー端末）の出現で、情報のやり取りをする個々人は、（ある特定のコミュニケーションインフラに関しては）もはや空間においてさえも同期する必要がない。電子メールでの情報のやり取りは、音声でのそれとは異なり、顕著な長所がある（図7）。その情報は永続的であり、必要に応じて索引付けをし、検索することができる[9]。それは、前後の状況（対話の履歴）を伝達できるのである。電子メールはまた、他者に転送することもできる。しかし、情報の効果的な配信を可能にするために、最初に述べた二つの障壁を利用者が克服することまではもちろん許していない（つまり何が重要で、誰が何を知るべきなのかを）。

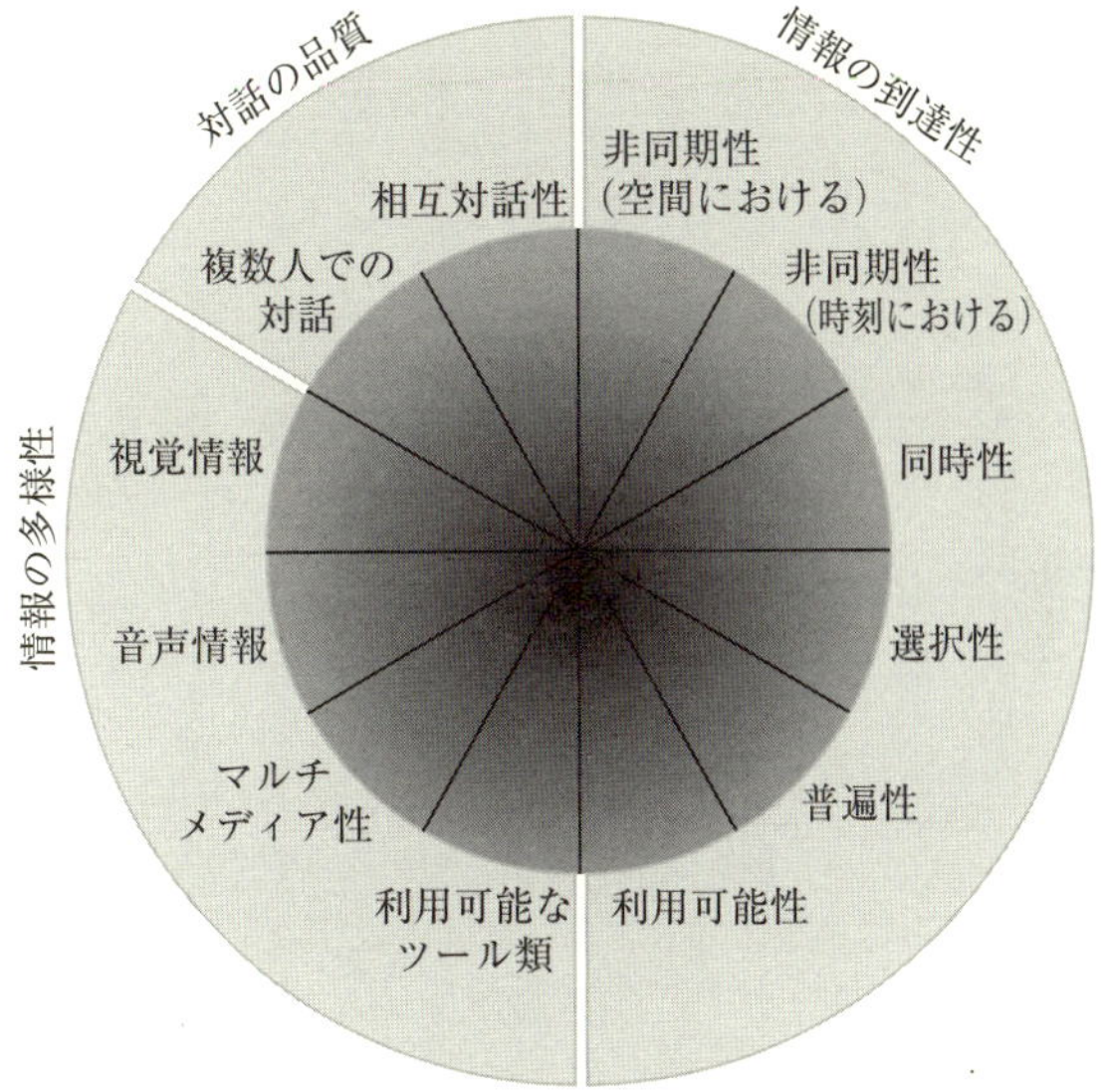

図８　ネットワーク協調環境における情報交換能力

ネットワーク化された環境での情報交換の特徴

情報交換技術の革新における次のステージは、すべてがネットワークにつながれた協調的環境（図８）である。この環境[10]（技術の組合せ）は、情報の到達性、（量と質における）多様性、相互対話の品質等すべての属性が利用可能で、情報交換の実用性を格段に向上させ、情報の過負荷を防ぎ、適時性を改善し、協調を促し、自己同期に必要な条件を提供する。これら情報に関連する能力は、頑健なネットワーク環境がもともと有する「ポストアンドスマートプル」（Post and Smart Pull）アプローチによってすべて可能になる。

情報を処理する前に発信する

ＩＰ（インターネット・プロトコル）、Ｗｅｂブラウザ技術、およびＷｅｂページやポータルの出現とこれらの広範囲な普及とともに、我々はついに情報配信のためのプッシュアプローチと決別し、ポストアンドスマートプルアプローチへ移行することができる。プッシュ型からポストアンドスマートプル型へ移行することは、「情報の所有者が興味を持つであろう多数の人たちを意識しなければいけない」という問題を、「（情報の所有者でなく）情報を必要とする人が、真に必要とする情報を潜在的に保有する情報源を認識しなければならない」という問題に移行させる。問題としては後者の方がはるかに素直である。なぜならば、情報を必要とする個人がその使い道を決める方が、情報提供者側がそれを決めるよりもはるかに簡単だからである。

市場指向のこのビジョンの達成には、Ｗｅｂブラウザの改善や情報処理支援のような技術への継続的な投資を必要とする。同時にその達成には、より頑健なデータ管理ツールや技術による裏づけが必要である。これらの技術の具体的応用例として、例えばＸＭＬのようなデータ、データウェアハウジング、そしてデータ管理ポリシーのようなデータを扱う情報技術分野での継続的進展による成果が急速に表れはじめており、（市場指向のビジョン達成には）将来的に非常に期待が持てる。(11)

この新しい情報配信戦略を機能させるためには、組織は処理する前に情報を提供する（ポストアンドスマートプル）戦略を採用する必要がある。この戦略は、情報が適時性のある方法でネットワークに確実に配置される点に寄与する。さらにこの戦略では、必ずしも情報発信者が「生の」情報を提供するだけにとどまらない。それら情報提供者（例えば課報機関や中間指令センター、国防総省の外郭団体[12]）の多くはより多様な生成物を提供するために、ある文脈に沿ってその情報の関係を示したり、時間軸に沿って情報を抽出して並べたり、あるいは既存の知識と融合することを可能にする高付加価値サービスを提供する。このようにしてできあがった生成物は、システム全体にわたってユーザーが利用可能な形で提供される。

今日までのところの情報技術のこれらの進歩の結果は、時間と場所において同期する必要性を排除するとともに、情報の配信に関連した問題を手に負えないものから解決可能なものへと変革しつつある。

民間からの教訓

防衛・軍事における初期の変革提唱者たちは、不確かでダイナミックに変化し続ける未来を生き抜くために、民間部門のパートナーと組むことを指向してきた。これら民間組織は、作戦のための新たなコンセプト（ビジネスモデル）を開発し、（最適化よりも）俊敏性を最重要視し、そしてＰＴＥ（パワートゥザエッジ）コンセプトを適用する必要性を同様に理解している。直面している情報化時代の課題および解決策の特徴についての同様な見方は、金融市場、サプライチェーン、クレジットカード、エネルギー、そしてバイオテクノロジーを研究している人々においても共通の認識となっている。産業界の一部の人々もまた、プッシュ指向からプル指向プロセスへの移行の必要性を認識している。我々が情報の配信に対する姿勢における変化を擁護する一方で、産業界はこのアイデアをサプライチェーンへ適用していた。不安定な時代の産業界においては、一人の人間（カリスマ）が直感にもとづいて描き出す将来への道に依存することはできないという認識もまた広まりつつある。

俊敏性への焦点

二〇〇三年の春、マンキンとチャクラバルティ(13)は、金融市場における最近の不安定さが前代未聞（過去七〇年間で最悪）であることに言及した。しかもその不安定さに対する適切な対応は、「俊敏性」（適応性はその一つの構成要素）であるとも述べた。彼らは、成功した会社はそうでない会社よりもより適応性のある振る舞いを示すだろうと仮定した。この適応性こそが、市場が極めて不安定な期間において組織に成功をもたらすであろうと考えたのである。そして、この適応性に関連した一連の指標群（indcant）を作り出した。彼らは、二十世紀最後の十年間という比較的不安定な期間に、十四の異なる産業における会社の業績を研究した。その結果、適応性と関連の深いこれらの指標を有する会社は、そのような指標を持たない会社に比べ、著しく業績が良いことを見つけた。この結果は、より詳細な検討によってさらに納得のいくものであることが確認された。なぜなら、適応性に関連した指標を持たなかった会社は頻繁に失敗し、最終的な調査表をから除外されているからである。俊敏性（この場合は適応性）は、生存確率を高めるような結果をもたらしただけではなく、実質的に販売成長、所得成長、総資産収益率および株主資本利益率を含む運用効率の増加という結果をもたらした。従って、俊敏性にはそれらの企業のホームグラウンドにおいてさえ、より優れた最適化の効果があるようである(14)。

クレジットカードから生命工学まで

産業界では、かつてないほど急速な環境と市場の変化[15]に効果的に対応する必要があるということが徐々に認識されつつある。これは「予測とコントロールに対する我々のマネージメントの習慣を捨てて、代わりに変化[16]に対応する能力を発展させることを示している」とジョアンナ・ウォールは述べている。「パワートゥザエッジ（ＰＴＥ）」は、変化に対応するために強化された能力を発展させるための手段である。しかしウォールが指摘するように、これらの原理がどのように行動指針として示されるかは、企業によって異なるであろう。クレジット会社最大手のキャピタル・ワン社[17]においては、金利と顧客の要求は、いかなるクレジットカードビジネス従事者が想定している、あるいは対応可能なスピードよりも速く変化するということを認識していた。「どんな約款に基き誰がクレジットカードを受け取るか」という判断は伝統的に知識をともなった経験を積んだエキスパートが下すが、最終的には主観的な判断によるものだった。一九九四年、キャピタル・ワン社は、データマイニング技術によるコンピュータを利用したアプローチを開発した。その後、経験に基づく実験的アプローチを採用したことで、キャピタル・ワン社は多様な市場区分をすばやく見定め、特化した種類の金融商品の開発とフィールドテストを行うことができた。この実験的なアプローチ（彼らは「実験して学ぶ」文化と呼んだ）は、リクルート、雇用、そして従業員の実績評価を含むキャピタル・ワン社のその他様々な場面へ広がっていった。

ブリティッシュ・ペトロリアム（ＢＰ）社のジョン・ブラウン卿は、不安定な状態が一時的なものではなく定常的になってきたことを認識し、競合他社よりもうまくこの不安定性に対応できる能力を発展させようと模索した。実際、彼は不安定性を敵ではなく、味方につけることを狙った。彼の戦略の重要な部分は、この数十年、それほど重要になるとは予想もされていなかった製品のすべての資産運用の推進と、エネルギーに対する環境政策の適用に以前よりも非常に積極的に移行することだった。

ＢＰ社は吸収・合併により過去数年で飛躍的に成長し、八〇カ国で一五〇の事業単位を達成するほど世界規模の多様な事業を展開する企業へと成長した。多くの市場におけるダイナミクスに対応できる能力を身につける一方で、大幅な事業拡大のマネージメントは俊敏性に対する本質的な注力を必要とした。ブラウン卿のアプローチは、最上位の管理者たちをロンドンに召集し、その管理者たちが、願わくば適切なときに適切に対応が取れるよう、彼らに一連の新しい行動様式を少しずつ植え付けた。

バイオテクノロジーでは、ごく普通に適応性について注目がなされている。彼らは製品を工学的手法で創り出すのではなく、分子の個体群を増やし、生命工学によって変異性を作り出し、そして優秀な母集団を選択的に再結合する。そして、最終的な製品が出現するのである。俊敏性は、この加速された進化のプロセスにおける本質的な特徴である。これは、従来の製薬会社の伝統的な薬品開発におけるアプローチからの急進的な脱却を表している。従来の伝統的アプローチでは、目的を理解するのみならずそれを達成する方法さえも知っておく必要があった。

マキシゲン社（訳注・ＤＮＡシャフリング技術などで知られるカリフォルニア州レッドウッド市のバイオテクノロジーベンチャー企業）では、進化は製品を開発するための手法にとどまらず、彼らのビジネスモデルそのものでもあった。彼らは市場を特定したり市場のセグメンテーションに合わせる計画はさけ、むしろ彼らが「計画的日和見主義」と呼ぶマーケット自身が機会を生み出すような戦略をとった。

プッシュ指向型からプル指向型サプライチェーンへ

さらに革命は、農業関連産業においても起こっている。何かに対応できる能力は、「気付き」の機能の一つである。情報の流れは、「気付き」を生み出すために不可欠である。しかしその一方で、世界中の農業関連産業は農家が本当に求めているものを知らずに、種子の供給と農作物保護によって伝統的に営まれている。これは、（本来市場ニーズを最もよく知る）卸売業者が、農家とサプライヤーの間の情報の流れを妨げるような情報の吹き溜まりになっていることに原因がある。従来のサプライチェーンモデルは、サプライヤーから卸売業者（彼らは顧客とサプライヤーの間を取り持つ）に製品を一方的に提供（プッシュ）するものであった。これに対して、新しいビジネスモデルが研究されている。その一つは、商品の開発提案を直接農家に働きかけるホットラインを引くことで、農家のプルモデルを実現するようなもので、それは将来的にインターネットを介した直接発注方式へとつながるであろう。いまやサプライヤーはより良く農家とつながり、農家の考え方や傾向への理解を深め、それらの変化に迅速に対応できるようになる。

プッシュ指向からプル指向への移行は、市場の複雑性と不安定性の増大によりますます重要になっていく。遺伝子工学の到来と（種子と保護政策に対する）統合的な解決策への欲求は、やがてさらなる市場の多様化・細分化、情報流通に対するニーズの増加、そして消費者の姿勢の変化によって生ずる世論やその振る舞いの最新情報を継続的に監視するニーズを生み出した。自ら手が届く範囲での狭い取り組みから、直接的で多様な情報を伴う取引へ農家が移行するのと同時に、供給側はより俊敏になるために必要な環境を創出しつつある。

市場をよく理解するということは、俊敏性へ向けた最初のステップに過ぎない。会社というものは、さらに迅速にあらゆることに対応可能でなければならない。農業関連産業の大手企業[18]も同様に、製品開発そのものから製品開発環境の提供と柔軟なサプライチェーンへと移行している。[19]企業の研究開発部門および製品開発部門では、実験室で時間を費やす時間がより短くなり、現場に出て農家とのコミュニケーション等を通じて農家のニーズをよりよく理解し、農家とともに統合的な解決策を探ることにより多くの時間を割くようになっている。こういった共同作業の強化で、製品はよりよく最適化され、調整される。このような相互理解と共同作業の強化は、著しく構想力の優位なニッチ製品を生み出すための基礎となる。

企業は変革を断行するために、在庫のための生産や在庫主義から決別し、適応性の高いサプライチェーンへ移行する必要があるであろう。これは、次の二つの要因なしには達成されないことは明白である。それは、①プル型指向のサプライチェーンへの移行、および②共同作業によってもたらされる先を見越した備えである。現在、適応型サプライチェーン実現における最も厄介な障害は、長い開発プロセスである。俊敏性向上によってもたらされる将来の可能性は、商品を開発段階から市場へいかに素早く送り届けることができるかという点にかかっている。

スーパースターの終焉

組織における自然淘汰に相当するメカニズムにおいて、産業界のリーダーや軍の上級指令官というものは、その卓越した「洞察」ゆえにその役職に選ばれてきた。彼らには、他の人が見えないものが見えている。クライン[20]の説明によれば、我々が方向性や指示を仰ぐようなエキスパートは、現状を認識するために合理性に基づく意思決定を下すようなやり方よりも、むしろ直感的な洞察を活用する。これらのエキスパートは、事態の本質を理解して適切な対応を決定するために、事態に内在するパターンの認識とそれらパターンと過去の経験あるいは知恵を結びつける。人間の洞察力と認知的意思決定手法[21]は、意思決定に対する工業化時代的手法の崩壊に対する解として発展してきた[22]。

直面している状況の複雑さとそれに必要とされる対応は、論理的意思決定アプローチのみならず、関連する複雑性に対処する最も優れた専門家（スーパースター）の能力さえはるかに超えつつあることが徐々に明らかになりつつある。第一に、複雑さをもたらす要因の数は増大しつつある。これらの複雑性をもたらす要因とは、相互に関連した出来事と関係者、相互関係の密度の高さ、そして因果関係を明らかにすることを困難にするのみならずそれによって引き起こされるであろう副作用を予測することすらほとんど困難にしてしまう相互連鎖のスピードである。第二に、産業界や軍隊においては、専門家や上級意思決定者になるには長い時間を要し、リーダーシップを取れる人材に成長するには何十年もかかるということである。

これらのことは、それらの経験の大部分が時代遅れになってしまい、それらの経験の妥当性に疑問を与えてしまうようになることを意味する。ある点においては、このような個人が過去に経験したいかなる点においても類似性の無い状況に直面することになる。これらの違いは定量的な違いとして明らかになってくるが、ある点においては本質的に定性的な違いとなる。軍事的問題であれ商業的問題であれ、革命というものは決まりごとにおける変化と関係している。状況の違いや経験したことの無いパターンというだけでなく、まさに問題と解決策を結びつけるロジックそのものが変化するのである。ボナビュー(23)はこれらの多くの点について著しており、複雑性と不安定性が増大する局面に直面すると、直感は手助けにならないばかりかしばしば誤った方向へ導きかねないと結論付けている。統計学者はアナリストに対して、回帰分析の結果をその標本範囲や母集団を超えて解釈しないよう、努めて注意を促す必要がある。また、科学者は推論を行う危険性について警告している。

情報化時代のプロセスは個々の天才に依存するのではなく、集合知と協調作業を利用する。このようなアプローチの生み出す力や展望はすでにそこら中にある。二〇〇一年、マイクロソフトはスピルバーグ監督の映画「A.I.」のプロモーションのために、Webベースのゲームを立ち上げた。ゲームのコンテンツはインターネット中に広く存在し、ゲームに組み込まれた課題を解くにはフォトショップからギリシャ神話まで、3D彫刻、分子生物学、コンピュータのプログラム、そしてリュートの記譜法にいたるまであらゆる知識を総動員することが必要だった。すなわちそれらの難題は、個人ではおよそそれらすべてを解けない程多くの知識を必要とするように作られていることを示していた。しかしWeb上でゲームが公開されたことを知るやいなや、好奇心の強いプレーヤーのチームがアメリカ国内で有機的に組織された。協力し合うことによって集結された知識は、三ヶ月相当かかるはずの最初のゲームコンテンツをたったの一日で解くことを可能にした(24)。これらのチームは問題解決能力に優れており、驚異的なスピードでそれを成し遂げることができた[25]。しかしながら、情報を共有し、集合知を利用し、そして効果的で信頼できる協業により成り立つ新たなワークプロセスを学ぶことは、新しい道具類の使い方のみならず、新しい思考方法（教育とトレーニング）の習得を必要とするであろう。

過去の典型的な戦略計画立案のアプローチに後戻りすることなく、また直感に依存すること無しに、指導力や統率といったものは今後どこからもたらされるのであろうか。産業界での答も軍でのものと同じである。すなわち、絶えず未知の状況に対処していくためには、あらゆる次元での俊敏性の存在が何よりも重要となる。ＢＰ社が採用した俊敏な組織を作るアプローチは、この本で示されている情報化時代の指揮統制に対するアプローチと同様、パワートゥザエッジ（ＰＴＥ）の原理に基礎をおいている。これによって企業は、今まで語られなかった方法で情報を再結合することを可能にし、各個人が（以前は不可能だった）事前計画に依らない臨機応変なやり方で、従来では不可能であったような協調（意思疎通）と選択肢を創造することにより、すべての利用可能な情報と能力を引き出すことを可能にする。

階層化組織と頑健にネットワーク化された組織、その違いと効率

ＮＣＷ（ネットワークセントリック的戦争）とＰＴＥにまつわる頑固なまでの誤解の一つは、頑健にネットワーク化された軍は膨大な帯域幅を必要とし、ユーザーによる多大な時間的投資と努力を必要とするため、非効率だろうという考え方である。

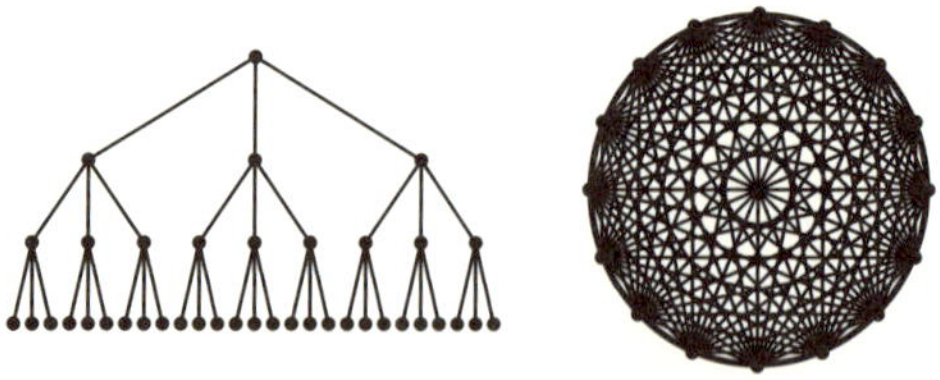

図9　階層化構造（左）と、完全接続状態のネットワーク（右）

図9はこれを図示したものだ。単純な工業化時代の階層化構造は、同数のノードを持つすべてが接続された情報化時代のシステムと比較したときに、非常に少ない接続しか持たないように見える。ゆえに経験の浅いアナリストは、「頑健にネットワーク化された軍構造に必要とされる帯域幅は、理論的には膨大であり、多大なコストをかけなければ運用は無理に違いない」と結論付けてしまう。

しかし実際には、インターネットのように十分にネットワーク化されたシステムで実質的に発生する相互通信の数は、理論的な最大値ではなく、むしろ特定の話題でつながったコミュニティの間で主として発生し、興味の度合いによって利用率は変化するため、相当に帯域幅の利用効率は高い(26)。実際にコネクションの確立が必要とされる相互通信の多くは、間に介在するノードが無くなるので、ネットワーク化された環境においてはより効率的に確立される。例えばインターネットは、グーグルのように多くのユーザーに利用されている非常に頻繁に利用されるごく少数のノード群と、機能的に組織化されて特定コミュニティのユーザーによって利用される二番目のノード群、およびネットワークのごく一部のノードにしかつながっていない（大多数の）非常に多くのノード群から構成される。この構造を図示したものが図10で、明らかに全ノードが相互に接続された「完全グラ

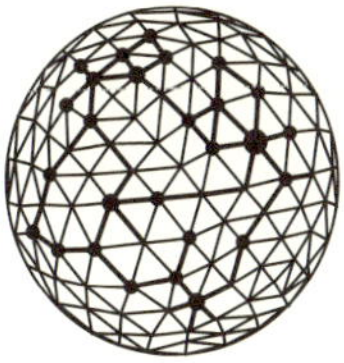

図10　パワートゥザエッジ（PTE）。すべての構成要素が接続されているが、ごく少数のノードがトラフィックの集中するハブとして現れる。

フ」よりもはるかに効率的である。

頑健にネットワーク化された軍隊は、時間と労力の面で非効率的であるとまことしやかに言われているが、これもまた作り話である。なぜならば、まず第一に、頑健なネットワークにおいては適切に情報を行きわたらせるための負担が情報の利用者へと委譲される。このような利用者はそれぞれがおかれた状況において、どの情報が必要でどこで見つけることができ、それを利用するためにはどのような付加価値サービスを利用すれば良いかを訓練を通して強化されているはずである。システムの利用における適切な相互運用性と俊敏性を担保するためのここでの投資は、事前に定義された情報要求マトリクスに基づく工業化時代の階層化システムを維持しようとする取り組みによって生ずる継続的投資、時間の遅延、配信ミス、そして（情報伝達）経路の断絶よりはよっぽど効率的であるはずである。第二に、（にわか仕立てのグループによる研究室での実験においては）協調的プロセスは（複雑な決定の質を向上させる一方で）意思決定を遅らせることがわかっているが[27]、時間をかけ、様々な状況のもとで協調作業をしてきたグループは、意思決定の質の低下という犠牲を払うことなく、より早く意思決定できることが証明されている。もちろん、軍の組織はすばやく効果的に連携できるよう、まさしく相当な時間とエネルギーを軍事教練に費やしている。したがって協調プロセスというものは、政策や組織、訓練やリーダーシップにおいて多くを要求するものではあるけれども、それらの協調プロセスは非協調プロセスとまったく同じ程度に、あらゆる部分で効果的（そして特定の状況下においては更に効率的）である。最善ではないが、より優れた決定の可能性が考慮され、このような決定が行動の軌道修正について決定を下さねばならない事態の回避を可能にする点を考慮すると、これらのプロセスはおそらくより効率的であるかもしれない（古い言葉で言えば「物事を正しくやる時間はないのに、なぜかやり直す時間はいつもある」）。最初から正しいやり方でやり遂げることこそが最も効率的なのである。

■ノート

(1) Madrick, Jeff. "The Business Media and the New Economy." Research Paper R-24. Boston, MA; Harvard University Press. 2001. p. 7.
http://www.ksg.harvard.edu/presspol/publications/R-24Madrick.PDF.（Apr 1, 2003）

(2) *Network Centric Warfare* の情報化時代の章は、情報化時代の特質についての十分な全体像を教えてくれる。より総合的に扱っているものとしては、*Information Age Anthology* の3巻に見つけることができる。
Alberts, *Network*. p. 15.
Alberts, *Information Age Anthology*.

(3) この違いについての議論は次の文献を参照のこと：Alberts, *Understanding*. p. 44.

(4) Toffler, Alvin. *The Third Wave*. New York, NY: Bantam Books. 1991.
Bacon, Sir Francis. *Meditationes Sacrae*. 1597.

(5) Alberts, *Information Age Anthology, Volume 1*.

(6) この議論は国防次官補（指揮、統制、通信、諜報担当）John Stenbit 閣下の数々のプレゼンテーションから直接に引用したものである。

(7) これらは、Albert の *Understanding Information Age Warfare*, pages 95-102. によって最初に提唱され、後に Evans と Wurster によって提案された2次元的視点から適用されたものである。

（8）この時点においてはデータ処理と格納に関するコストは帯域幅とともに幾分高価であった。

（9）e-mail はデータ処理と格納に関するコストが著しく削減されてきたことにより登場したが、帯域幅に関してはまだ相対的に高価であった。

（10）ネットワーク化された環境が利用可能となったのは情報の経済における変化が要因である。いまこの時点においては、情報処理や格納、帯域幅に関するコストは相対的に低くなっており、将来にわたってはさらにコストが削減されることが期待される。

（11）Chief Information Officer, Department of Defense. "Data Management." House of Representatives Report 107-532. March 15, 2003.

（12）ここ数年、ブログはにわかに普及し始めている。ブログは実質的には個人が、信頼に足るもの、信頼できないものなど幅広い種類の情報源に基づく情報（事実、主張、分析）を投稿したものである。ごく最近では、ブログやブログがどこへリンクしているか、あるいはどこからリンクされているかを監視し、追跡し、そして解析する受動的なソフトウェアが開発されてきている。（e.g.www.technorati.com）

（13）Mankin, Eric, and Prabal Chakrabarti. "Valuing Adaptability: Markers for Managing Financial Volatility." *Perspectives on Business Innovation*. Issue 9. Cambridge, MA: Center for Business Innovation. Spring 2003. http://www.cbi.cgey.com/journal/issue9/not_all.htm.（Mar 31, 2003）

（14）俊敏性の議論は、不確定性を回避する上である種の効率を犠牲にするという考えに基づいている。それは例えば（普通預金と株式との違いのように）リスクを回避する代わりに低いレートの見返りを期待するようなものである。

(15) Yam, Yaneer Bar. *Dynamics of Complex Systems*. New England Complex Systems Institute. Reading, MA: Addison-Wesley Publishing. 1997.
http://necsi.org/publications/dcs/index.html (May 1, 2003)

(16) Woll, Johanna. "Not All Adaptive Enterprises are Alike." *Perspectives on Business Innovation*. Issue 9. Cambridge, MA: Center for Business Innovation. Spring 2003.
http://www.cbi.cgey.com/journal/issue9/not_all.htm. (Mar 31, 2003)

(17) ここで述べた、状況変化によりよく応答しようとする企業の話は、近日中に発刊される Meyer と Davis の *It's Alive: The Coming Convergence of Information, Biology, and Business* の中の記述、および Woll の文献、"Not All Adaptive Enterprises are Alike." に記されているものである。

(18) これらの企業の名前は、Robert Gray の文献 "Cultivating the Customer: Reaping the rewards of the Supply Chain." には記されていない。

(19) Gray, Robert. "Cultivating the Customer: Reaping the rewards of the Supply Chain." *Perspectives on Business Innovation*. Issue 9. Cambridge, MA: Center for Business Innovation. Spring 2003.
http://www.cbi.cgey.com/journal/issue9/not_all.htm. (Mar 31, 2003)

(20) Klein, Gary. *Intuition at Work: Why Developing Your Gut Instincts Will Make You Better at What You Do*. New York, NY: Doubleday Publishing. December 2002.

Klein, Gary. *Sources of Power: How People Make Decisions*. Cambridge, MA: MIT Press. January 1998.

(21) 刺激を識別しようとする行為。

(22) Stewart, Thomas A. “Right from the Gut: Investing with Naturalistic Decision Making.” *The Consilient Observer*. Vol 1, Issue 22. Dec 3, 2002.

(23) Bonabeau, Eric. “When Intuition is Not Enough.” *Perspectives on Business Innovation*. Issue 9. Cambridge, MA: Center for Business Innovation. Spring 2003.
http://www.cbi.cgey.com/journal/issue9/when_intuition.htm. (Mar 31, 2003)

(24) Lee, Elan. “This is Not a Game: A Discussion of the Creation of the AI Web Experience.” Presented at the 16th annual Game Developers Conference. March 19-23, 2002.

(25) Herz, J.C. *Joystick Nation: How Videogames Ate Our Quarters, Won Our Hearts, and Rewired Our Minds*. New York, NY: Little, Brown & Company. 1997.

(26) Network Centric Warfare/Network Enabled Capabilities Workshop, 17-19 December 2002 on www.dodccrp.org.

(27) Druzhinin, V.V. and D.S. Kontorov. “Concept, Algorithm, and Decision,” Moscow, *Voinizdat*, 1972.
Nofi, Albert. “Defining and Measuring Shared Situational Awareness.” Center for Naval Analyses DARPA, November 2000.

Schulz-Hardt, Stefan. "Productive conflict in group decision making: Genuine and contrived dissent as strategies to counteract biased information seeking." *Organizational Behavior and Human Decision Processes*. New York; Jul 2002; Vol. 88, Iss. 2; p. 563.

Artman, Henrik. "Situation awareness and co-operation within and between hierarchical units in dynamic decision making." *Ergonomics*. London; Nov 1999; Vol. 42, Iss. 11; p. 1404.

第6章　情報化時代の軍隊に求められる特性

冷戦後の国家安全保障における課題については、多くの文献が記されている。情報による攻撃や重要なインフラを標的とした攻撃[1]に対する我々の脆弱性についての文献と同程度に、大量破壊兵器で武装した非国家主体による脅威、グローバリゼーション、インターネット、ユビキタスな情報網についての文献がある。

現状の軍構造、作戦、組織、政策、人員、教育、訓練、兵器類、制度の概念の様々な欠点は、軍事作戦を成功へ導くために最低限必要な能力を確認し、そして二十一世紀の国家安全保障環境という文脈の中からこれら任務の達成に必要とされる現存の軍の能力を調べることで、自ずと見えてくる。与えられた作戦遂行には、最低限四つの能力が必須である。

①　状況を理解する能力

②　非軍事的パートナー（省庁間、国際機構と民間企業、そして様々な請負業者）を含む同盟環境で働く能力

③　状況に対応するための適切な手段の所有
④　適時的に応答する手段を統合運用する能力

これら四つの必須能力のうち、三つは指揮統制に関係する。③は戦争と政策の実施の道具立てに関するものだ。従って本書は、その主題である指揮統制の変革という点に注意しつつ、情報とそれらの相互関係における我々の思考様式の変化について述べている。

ネットワークセントリック的戦争

ネットワークセントリック的戦争（Network Centric Warfare, ＮＣＷ）は、情報化時代の戦争理論を与えてくれる。それは、アメリカ連邦議会のＮＣＷ報告書が述べているように、「（ＮＣＷは）アメリカ国防総省の情報化時代の変革を具体化（体系化）する以上のもの[2]」である。ＮＣＷは、我々が利用可能だと考えられる情報は他のそれらと何が違うのか、それらがどのように配信され利用されるのか、そして組織を構成する個人と構成要素群が相互にどのように関わりあうかについて理解するための理念と見ることができる。言い換えれば、情報化時代の指揮統制は工業化時代のそれと何が違うのかということを認識することができるわけである。

ＮＣＷの理念[3]は、一連の特定の軍事能力の集合から作戦上の効果と俊敏性へ、バリューチェーンを拡張する基礎を与える役目をする。このようなバリューチェーンはＮＣＷの理念の妥当性を確かめるための根拠のみならず、単一の施策あるいは複数の施策における変化の価値を見定める上での根拠を与えてくれる。近年の研究は、変革の開始点となるNCWの理念を採用したNCW概念フレームワーク（図11）の開発という成果を挙げた。このフレームワークは、先述の四つの能力を網羅し、情報化時代の軍隊で必要とされる特性と属性、部隊間の相互関係、そしてこれらの特性と属性がどれだけ実現されるかの定量化手法について詳細に示している。(4)(5)

図11は、情報化時代の軍隊に不可欠なC2に関係した能力について重点的に示したものだ。このフレームワークが個々の状況認識と意思決定に関係した一連の変数群を含むだけでなく、これら一連の変数がチーム、グループ、または組織的な状況判断と意思決定能力に関係する一連の変数群を反映していることについて言及しておく必要があるであろう。これらのチーム、グループそして組織的属性群は、①情報共有され、②認識の共有が達成されている度合いを含んでいる。これらの変数群こそが、NCWが開発を模索している協調プロセスと自己同期する振る舞いの中核をなすものだ。(6)

NCWバリューチェーンの論理は、軍の構成要素の特性の確認から始まる。これらの要素とは、エフェクタ*1、情報源、付加価値サービス、そしてもちろん指揮統制を司る構成要素を含む。個々の構成要素群は、それらが本来有する情報源とその能力を活用することができる。軍の構成要素がネットワーク化されている度合いは、多種多様な軍の構成要素群からの利用が可能な情報の質と、情報領域において相互対話する軍の能力とを決定する。達成された相互運用性のレベルと指揮統制のプロセスの特性は、構成要素同士もしくは複数の構成要素間で発生する相互作用の性質や品質とともに、情報が

訳注*1：単なる物理的兵器のみならず、より高次の概念としての「効果」を生み出すことができるものすべてを指す。

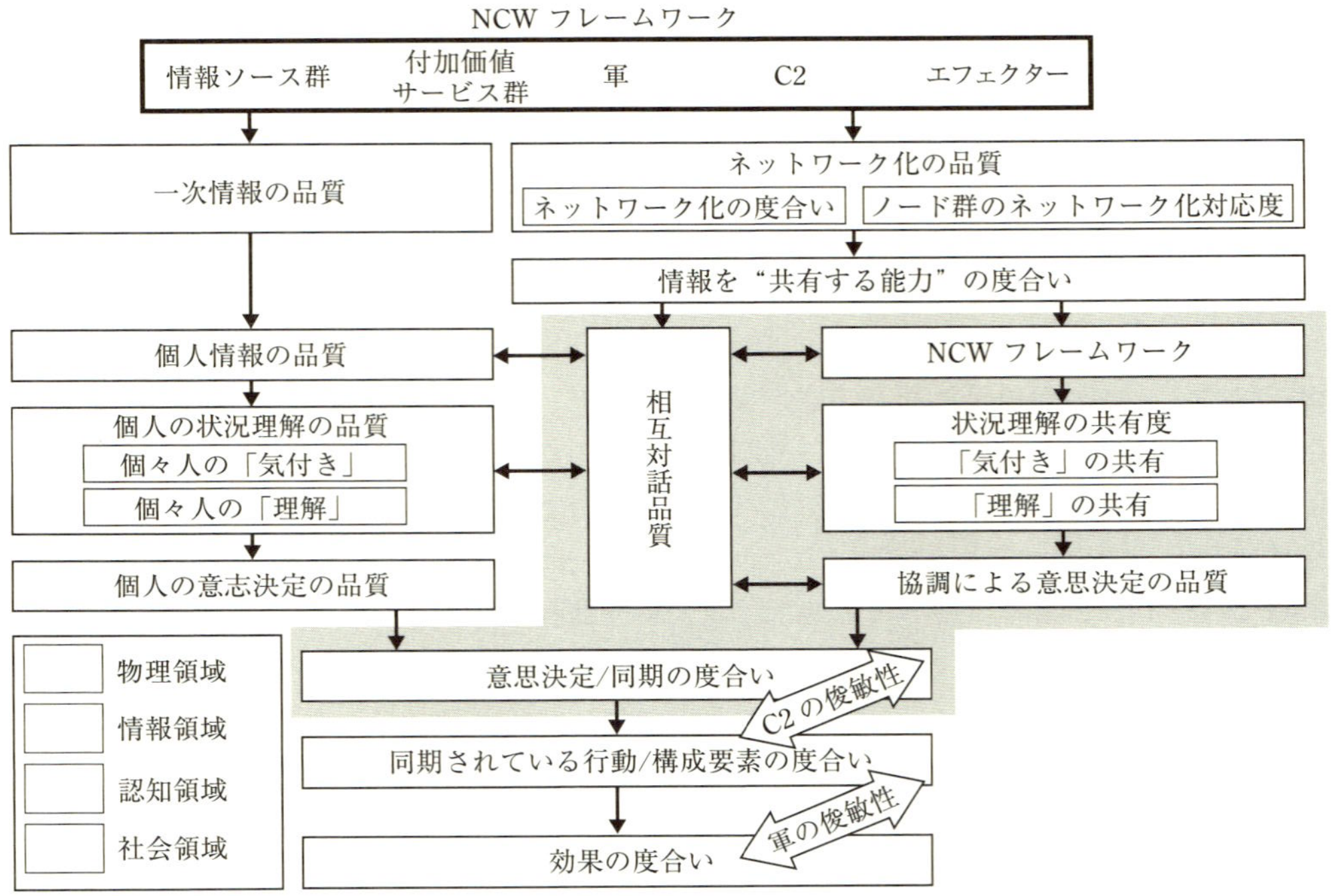

図 11　NCW（ネットワーク・セントリック・ウォーフェア）概念フレームワーク

共有されている度合いを決定する。総合すると、これらの能力と組織の特性は、軍の実効性、その俊敏性、そして決定、計画、行動、構成要素が同期する度合いを決定するであろう。

状況判断

状況を判断することは、状況に関する有用な情報をシナリオにあてはめてみて、そこに見られるパターンの類似性を識別することから始まる。状況認識能力を伸ばすことは、常に戦争における課題だった。[7] 莫大な資金がＩＳＲ（諜報、監視、偵察）の装備や取り組みに、そしてそれらの情報を収集して処理し伝達するシステムへ長年に渡って投資されていた。ＩＳＲは、「戦いにおける不確定性」[8]を最小化するための取り組みである。いまや戦車、海上の戦艦、上空の航空機で編成された伝統的な軍隊を（離れたところから）見つけ出し、識別し、追跡し、そして破壊する能力が現実のものとなっている。この能力は、ボスニアやコソボ[9]で見られたように、敵に対して多様な方法（覆ったり、隠蔽したり、偽装したり）でそれに対応することを強いていた。もちろん、情報化時代の敵は、伝統的な軍隊のプラットフォームを必ずしも使わないだろうし、それゆえ容易に探知されたり、識別されたり、追跡されるようなことはないであろう。情報化時代に適応した敵を膨大な情報の中から探し出し、その能力と強さを見定めることができるようになることは、我々が情報化時代に直面する最も重要な課題となっている。イラクにおけるかなり初期の知見は、能力と意思の双方を分析評価することの重要性を強調した。

利用可能な情報を活かすことができるということは、必要な情報を収集すること以上の意味がある。

それはまた、その情報を必要としている人々すべてが利用できるような形で、安全かつ適時性をもった形式で情報を利用可能にできるということを意味する。単なる情報の断片を状況認識につなげるには、多くの専門知識と経験を必要とする。それゆえ、利用可能な専門知識と経験を有効に生かすプロセスと、これらのプロセスを支えるシステムが必要とされているのである。このことは二十一世紀の軍隊において、広範囲の情報共有を可能にし、同期した協調行動を支援するための情報管理能力によって頑健にネットワーク化される必要があることを示唆している。

状況判断は、単なる情報の共有とパターン識別以上のものだ。それは現在起きていることと、あるいは将来起きることの予測を超え、その事態に対して何ができるかということにまで及ぶ。これは選択肢を生み出し、敵の行動や反応を予測し、そして特定の行動方針（COA）の効果（与えられた標的を破壊する、敵の側面から攻撃を始めるなど）を理解することを含む。伝統的な軍事作戦の文脈では、標的破壊の効果の確認は特に難しい問題ではない。なぜなら、敵の能力の減耗こそが伝統的な軍事作戦の目的と密接に結びついたものだからである。ごく最近の軍事作戦では、より制限の強い交戦規則と、軍事的目的とはまったく異なる事情により、社会的、政治的、そして経済的な文脈における軍事作戦の効果を理解することが極めて重要になってきている。多様な文脈における「効果」を理解することは、現在のところ軍の中核たる能力ではないが、直接的あるいは間接的に作戦の効果を理解できるようになる必要性が徐々に認識されるようになってきている。最近出版された“*Effects Based Operations*（EBO、効果主体の作戦）”[10]は、EBO自身とNCWの間の関係性を説明し、作戦の効果と目的の明確な対応関係を論じている。この本で論じられた重要事項は、ボスニア、コソボ、アフガニスタン、そしてイラクでの作戦において裏付けられてきた。

同盟と組織横断的な作戦

二十一世紀の軍事作戦のほとんどは、複数の国と多くの組織により遂行されることになる。おそらく最も困難な課題の一つは、同盟（その主体となる国家、そして政治的必要性からそれに参加する国々）、それも間違いなく非軍事組織や非国家主体を含む同盟の構築と維持であろう。組織横断的な連携は、国内外双方においてその重要性がますます増大している。このことは、非常に様々な面で作戦を複雑にする。例えば連携の結束力が生む行動の効果は、効果主体の作戦における評価に加味される必要がある(11)。加えて効果的な連携作戦は、連携する参加メンバーに対して、情報交換し、指揮統制において協力し、そして同調による効果を達成するために十分なレベルの相互運用性を達成することを要求する。これは非常に大きな課題である。

適切な手段

伝統的な軍隊は、主として戦場において殺傷能力を有する軍を手段として含んでいる。軍は、情報兵器などの非殺傷性の代替兵器をこれまで開発してきた（そしてこれからも開発を継続するだろう）。そして平和維持、平和履行、和平調停、国家建設のための技術と能力を発展させてきた。イラクでの作戦が示したように、新興の脅威の特徴は、戦場に境界線が無いのと同様に、犯罪と戦争の境界線を極めて曖昧なものにする。戦場はもはや連続的につながった地域に限らず、また単純な物理的境界といったものをもたない。サイバースペースには境界や不可侵領域といったものがなく、その軽装備での兵器のスピード、匿名性と敵を覆い隠してしまうその能力とともに、二十一世紀の戦闘空間の縮図を見せてくれる。もちろん、状況の調査や適切な行動とは何かということの協議に誰が必要かということと同じくらい、どのような情報が必要かということについてこのようなサイバースペースの特徴は重要な意味合いを持つ。

手段の統合

これまでも常にそうだったように、適時的に協力して行動をする能力は、しばしば勝者と敗者を分ける。過去においては、協力して行動するということは兵隊たちを毅然と整列させたり、軍隊を集合させたりといった能力を意味していた。情報化時代においては、この意味はしばしば広範に分散した軍隊によって非運動性の手段を伴い、効果を集中するという意味に変わっていた。「適時性」(12)は直面している状況と関係しているため、「迅速な応答」とは異なる。「適時性」とは、適切なタイミングで応答をするということである。にもかかわらず、集約的かつ迅速に行動する能力が重要なのは、軍隊が適切なタイミングで行動することが任務成功の確率を増大させるからである。適切なタイミングで応答するためには状況を判断し、すべきことを決定し（あるいはそのほかの人々にこれらの決定を下す権限を委譲し）、軍隊を配置し、そして行動するまでに要する時間を総和した時間が必要である。手段の物理的特性がこの方程式（部隊を展開し、必要な弾薬を送り届ける時間を含む）における一つの要素である一方で、指揮統制もまた常に最も重要な要素である。この時間的投資のかなりの部分が、軍と行動を同期させるのに必要なプロセスと行動に注ぎ込まれていた。

軍事的意味合いにおける同期とは、Joint Publication 1-02の中で、「決定的な場所と時間において最大の相対戦闘力を生み出すよう、時間、空間そして目的に対し軍事行動を計画すること[13]」と定義されている。「周到な計画（Deliberate Planning）[14]」は、部隊を同期させるために現在広く活用されている軍事プロセスである。軍の規模、あるいは作戦の複雑さ、またはその両方が増すにつれ、よりいっそう多くの時間的資源が同期化を成し遂げるのにあてられている。このように、「同期化された方法で行動する能力」と「迅速に行動する能力」はこれまで拮抗状態にあった。C2は、それにふさわしい方法で応答する能力に対する推進力としての要素だけでなく、実際のところ、先に明らかにした四つの最低限必要な能力のうちの三つを獲得するための重要な要素でもある。このように、情報化時代の課題に対処するために、C2とそれに関係したC4ISR（Command, Control, Communications, Computers, Intelligence, Surveillance and Reconnaissance：指揮統制、通信・コンピュータ・諜報・監視・偵察）の能力を変革していくことこそが、情報化時代の軍隊を確立する上で最も重要となる。さらにC2の一連の特性は、俊敏性を確立するための主要な決定因子である。共有された状況判断と自己同期に重点を置くNCWは、軍隊がよりよく同期化するとともにより迅速になることを目的としている。PTEは、これを成し遂げるために適用されねばならない原則である。

一つの部隊がこれらの能力を有するためには、特定の任務と作戦行動に関係する能力に加えて、その部隊は重要な部隊レベルの二つの属性、すなわち「相互運用性」と「俊敏性」を必要とする。これらについては、以降の二つの章で議論する。

■ノート

（1） Friedman, Thomas. *The Lexus and the Olive Tree*. New York, NY: Anchor Books. 2000.
Kwak, Chris, and Robert Fagin. *Internet 3.0. Equity Research Technology*. Bear Stearns. 2001.
https://access.bearstearns.com/supplychain/infrastructure.pdf（Feb 1, 2003）

（2） これは *Network Centric Warfare Department of Defense Report to Congress*. July 2001 のエグゼクティブサマリーの最初の文章である。

（3） Alberts, Network.［106］

（4） *Network Centric Warfare Conceptual Framework*. Network Centric Warfare and Network Enabled Capabilities Workshop: Overview of Major Findings. Dec 17-19, 2002. OSD（NII）in conjunction with RAND and EBR, Inc.

（5） Department of Defense, Office of the Assistant Secretary of Defense for Command, Control, Communications, and Intelligence（OASD/NII）, Command and Control Research Program（CCRP）.
http://www.dodccrp.org/ncw_workshop/NCWDecWork.htm.（Apr 1, 2003）

（6） 「状況判断（sensemaking）」とは個々人、チーム、組織、そしてもちろん社会が気付きと理解を進展させ、そしてこの理解を現実的に実行可能な行動群と結び付けようとして実行される認識活動を網羅するものである。
Alberts, *Information Age Transformation*. pp. 136-7.

(7) 「状況認識 (situation awareness)」という用語が用いられる場合、時間的なある特定の瞬間に戦闘空間の一部または全域において存在する状況への気付きを意味する。「気付き」は認知領域、つまり人々の頭の中で発生するのであって、それらの人々を支援する情報システムにおいて発生するものではない。
Alberts, *Understanding*. p. 120.

(8) Clausewitz, Carl von. Michael E. Howard and Peter Paret, eds. On War. Princeton, NJ: Princeton University Press. 1976. p. 101.

(9) Wentz, *Bosnia*.
Wentz, *Kosovo*.

(10) Smith, *Effects*.

(11) Smith, *Effects*. p. 336.

(12) 「適時性 (timeliness)」とは、状況に依存しているもう一つの要素である。それは情報アイテムの新鮮度とそれが役立てられねばならないタスクやミッションとの間の関係を反映したものである。
Alberts, *Understanding*. p. 85.

(13) Department of Defense Dictionary of Military and Associated Terms. Joint Pubs 1-02. p. 424.

(14) 「周到な計画 (Deliberate Planning)」とは次のように定義されている：統合戦略級立案文書において特定された不測事態に備えた統合作戦計画の立案を含む統合作戦計画実行システムのプロセス。周到な計画は公式に構築された統合戦略計画システムに従って、そのほかの国防総省計画サイクルを補完するようあらかじめ規定されたサイクルのうちに構築されている。国防総省軍事関連用語。
http://www.dtic.mil/doctrine/jel/doddict/data/d/01562.html（Feb 1, 2003）

第7章　相互運用性

本章では、将来の軍事作戦における相互運用性の必要性について、相互運用性を実現するための必要条件、相互運用性を実現する手法の特徴、そこに含まれる課題の本質、そしてどのようにパワートゥジエッジ（PTE）による手法が相互運用性の達成をより容易にするかという点を考察する。

相互運用性の必要性

NCW（図12）の基本的な理念は、部隊を頑健にネットワーク化することから始まる。そのためには、作戦行動の参加者およびその支援システムの連携が高度に相互運用的でなければならない。

相互運用性、すなわち相互に活動する能力は、その構成要素同士が相互に対話し、情報共有し、協調できるよう、様々な階層[1]で発生しなければならない。どの部隊がどの程度の相互運用性を持つのかは、それらの部隊がネットワークセントリック的行動を行う能力に直接影響する。相互運用性は次の四つの各領域、すなわち物理領域、情報領域、認知領域、そして社会領域に存在する必要がある。第一に、部隊の全構成要素および部隊が協調しなければならない構成要素（人員および機器・兵器）が

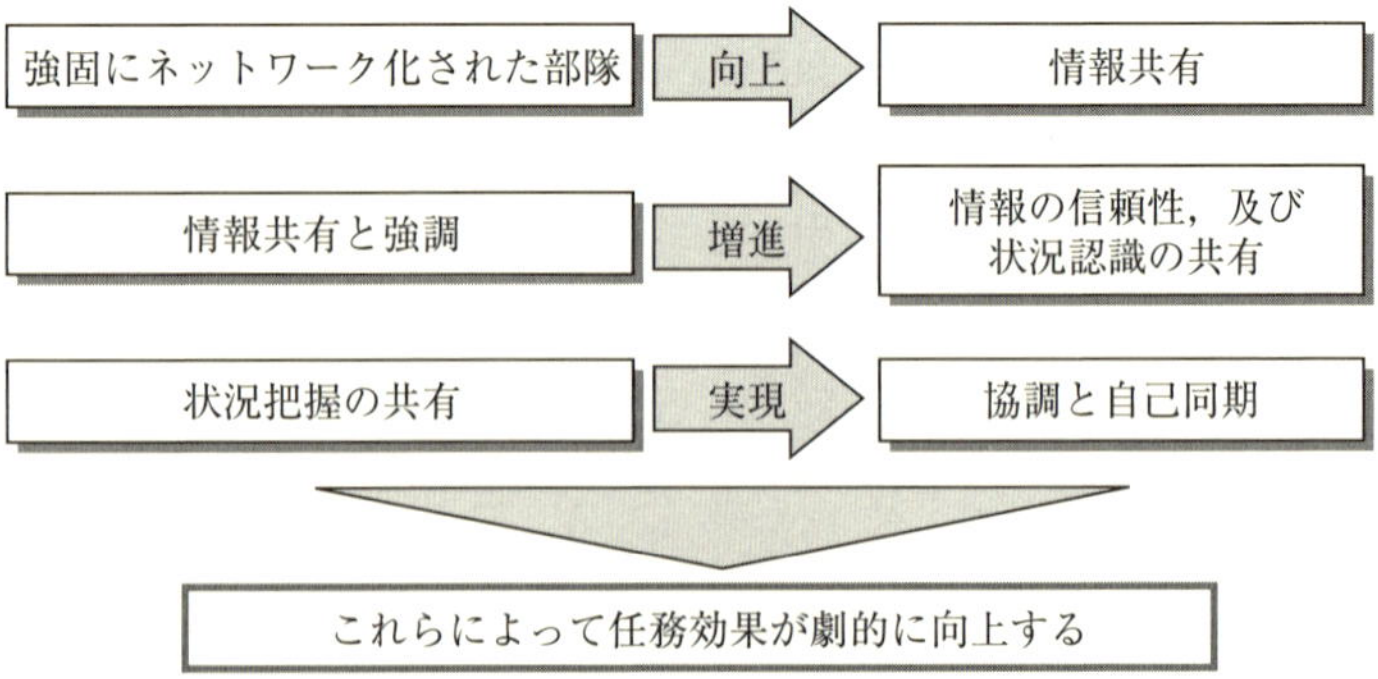

図12　NCWの理念

ネットに接続されていなければならない。[2] 第二に、それらの構成要素はネット上のその他の構成要素へ情報を提供できなければならない。第三に、部隊の構成要素はネット上の利用可能な情報を検索、閲覧、理解できなければならない。第四に、部隊の構成要素は必要に応じて仮想的協調環境またはプロセスに参加できなければならない。また、同時に複数の仮想的協調環境へ参加する場合もある。部隊の構成要素に相互運用性が無いか、または限定されていると、任務への寄与が困難になる。相互運用性の不完全な構成要素は情報へのアクセスが限定されるし、要求される情報を持っていても要求そのものを受信したり情報を提供できない場合がある。さらには、その他の構成要素と協調して行動する手段が限られてくる。その結果、部隊構成要素の価値（戦闘力を提供する能力、または作戦行動への効果）が長期間限定されることになる。これらの構成要素は他から取り残されることとなり、ひいては組織全体の価値も低くなる。この結論は、「ネットワークの価値はノード（参加構成要素）数の二乗に比例して増加する[3]」というメトカー

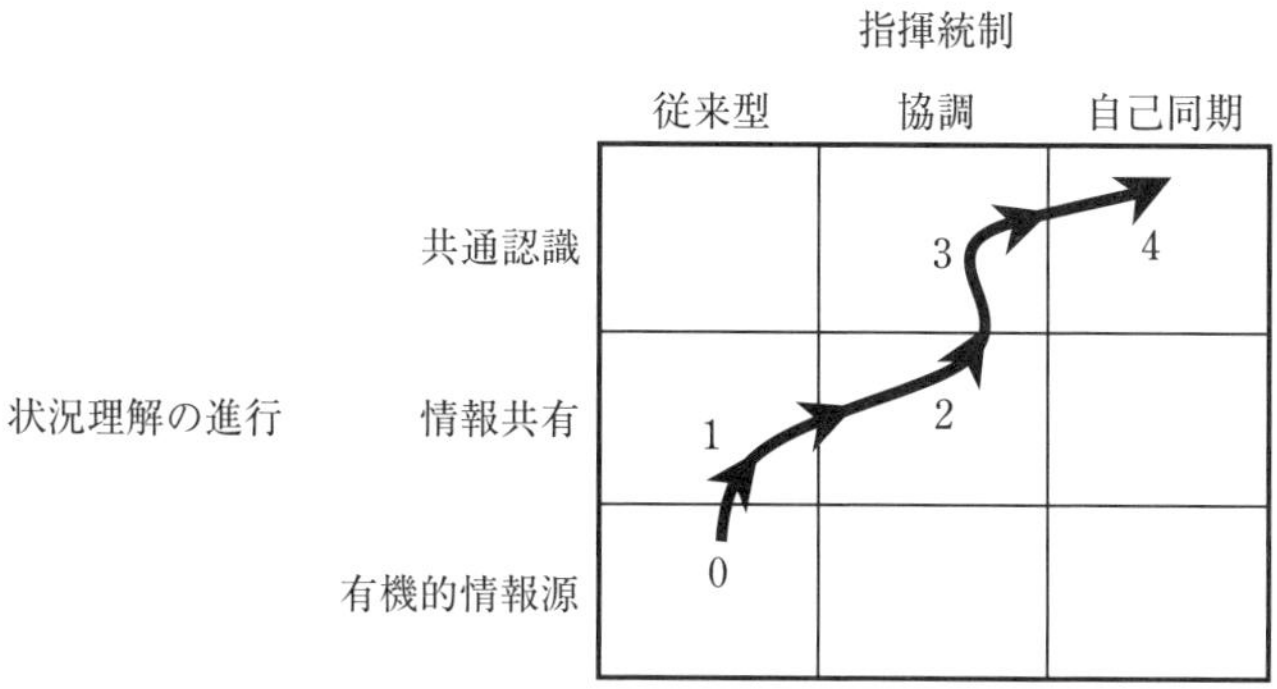

図13　NCW成熟度モデル[5]

フの法則の裏命題から導かれる。

相互運用性のレベル

相互運用性は、(構成要素群が)まったく接続されていない孤立した状態から、完全に相互対話可能で共有された状態までの、成熟度レベルとして数値で現される。

相互運用度は、当然、幅広い値をとり得る。NCW成熟度モデル[4](図13)で定義されるネットワークセントリック能力水準は、まさしく相互運用性の達成度に対応するものである。

レベル0は、限られた相互運用性と情報共有以外は達成されていない状態である。そこに存在する相互運用性は、既存の組織、プロセス、システムのIER(情報交換要求、Information Exchange Requirements)に基づいて達成される。レベル1は、より多くの構成要素間で情報共有の可能な状態である。レベル2は、各構成要素が協調環境とプロセスへ参加できるだけの相互運用性を持つ状態である。レベル3では、構成要素は情報領域のみならず、認知領域における相互運用性をも備えている。これにより、状況認識の共有がなされる。レベル4では社会領域の相互運用性が実現され、行動が動的に自己同期化されるようになっている。すなわち、一つのレベルからもう一つのレベルへ段階が上がっていくためには、相互運用性の確立される領域が増えるだけでなく、情報領域における三つの次元（情報の多様性、到達性、対話の品質）のすべてで相互運用性が必要とされる。技術は不可欠だが、それだけでは十分とは言えない。技術は組織、業務プロセス、または考え方において適切に利用されなければならない。

相互運用性の追求は新しいものではないが、現在ほど重視されたことはなかった。技術の進歩、コンピュータと通信能力の普及、そしてEビジネスの台頭などによって、広範な相互運用性を達成することは以前よりも容易になった。しかし、進歩を妨げる主要な障害はまだ残っている。相互運用性実現の課題とその解決方法は後に議論する。まず最初に、二つ以上の構成要素が相互運用可能となるための要件を理解する必要がある。

相互運用性の実現

相互運用性を実現するには、多大な努力の積み重ねと、それぞれ鍵となる四つの領域における多くの学問分野の知識の応用が必要となる。にもかかわらず、特定の組織や領域で働く個人は、往々にしてその領域における他の分野または他の領域で発生する課題に気づいていない。しかしながら、NCW成熟度(6)におけるネットワークセントリック作戦行動を可能にする最高レベルでの相互運用性を実現するためには、内部的にまたは組織や領域を横断して、右のような知識や研究成果をすべて結集する必要がある。

この点を理解するために、電話を例に考えてみよう。機能の相互運用性を達成するために、個々の領域において何が必要だろうか。電話はあまりに日常的なものなので、通話が成立するためには何が必要か、なぜ役に立つのかということを考える人はほとんどいない。第一に、一人の人が受話器を取り上げ、どこにいるのかもわからない他の誰かと話すという行為を可能にするために、多くのことが起こっている。その通話に関係する一人の、または多くの人が止まっているのかは動いているのかどうか、通話している人同士が同じ国にいる場合、同じ大陸にいる場合、空、水上または宇宙空間にいる場合など、通話の条件に応じてある一定の要件を必要とする。電話での通話が始まるためには、二つの電話機またはデバイス間で確立された回路(7)を経由して物理的な信号が交換されなければならない。もちろん最初に、話者の声は長距離間を転送できるような信号へ変換する必要がある。そしてこれらの信号は、電気的パルスとして回線を、光の波として光ファイバを、無線信号として空中を、そして特定方向へフォーカスされたレーザービームとして、そしてまたはこれらの組合せによって転送されなければならない。電話による通話では一般的に、これらの信号は一つのメディアから別のメディアを経由して伝わる(8)。この場合、物理領域には信号を一つのメディアから別のメディアへ変換し、場所から場所へ送り届ける機器、メディア、コネクタが含まれる。信号にはアドレス情報とコンテンツが埋め込まれている。もし信号の経路に他のメディアが含まれるなら、信号の変換が行われなければならない。信号が分岐点またはスイッチに到達したら、信号が正しい場所へ送信されるようにアドレス情報（またはその一部）を解釈する必要がある。つまり、物理領域において相互運用が可能になるこ

物理領域
攻撃・防御・作戦が異なる環境を越えて行われる場合

情報領域
情報が生成・操作・共有される場合

認識領域
知覚・理解・思考・価値観を持ち，事象の理解から意思決定がもたらされるところ

社会領域
部隊の各エンティティ間で行われる相互作用

図 14　戦争を構成する領域

とに加え、信号が指定の目的地に到着し、内容が損なわれず正確に元の状態で届くよう、情報領域においても相互運用性が実現されねばならない。目的地に元の情報が正確に伝わったら、末端のデバイスは情報の解釈に必要な忠実度で信号を音声へ変換する。このことは、情報領域と物理領域の両方で相互運用性が必要であることを意味する。上記で発生する信号の変換は、アナログ信号とデジタル信号、そしてこれらの信号と耳で聞こえる音声との表現形態の遷移を含む。また相互運用性は、話者からもう一方の話者の耳へ、意味不明の音ではなく受話者にとって意味をなす音として確実に伝達されるよう、認知領域においても実現されなければならない(9)。最後に、電話での通話中に発生する情報の交換または会話による協調は、社会領域におけるある程度の相互運用性も必要とする。通話内容の共通理解ができなければならないし、人はそれを求めているからである。

図14は、話者間で言葉による実用的な情報交換を可能にするための、複数の領域内とそれらにわたって必要とされる相互運用性を表している(10)。

相互運用性の実現方法

二つの構成要素が以下のいずれかに当てはまるとき、（領域内、領域間、または複数の領域にわたって）相互運用可能である（図15）。

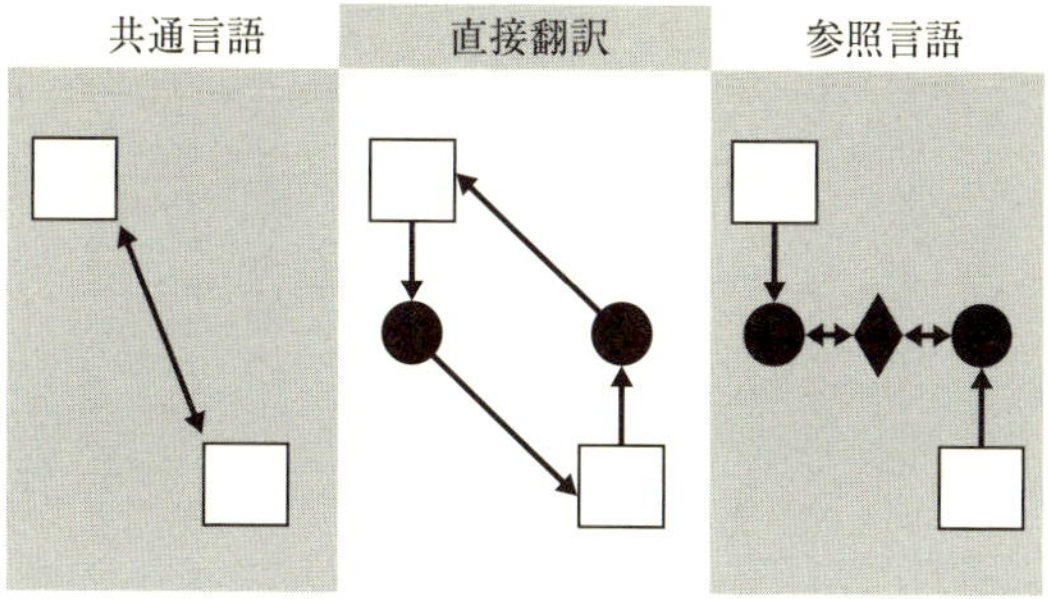

図15　多言語による対話

① 双方が共通の言語（またはプロトコル）により会話が可能である場合。

② 一方の所属組織の言語からもう一方の所属組織の言語への直接翻訳が可能な、双方向の翻訳者を両者が持つ場合。

③ 両者の間に共通参照言語があり、それぞれの参加組織が個々の言語から共通参照言語への翻訳者を有する場合。

これら三つの実現方法は、それらの実現性、規模の拡張性、そして組織とその構成要素をどう対応づけるかによって異なる。

情報領域における相互運用性への共通言語アプローチの例には、航空管制での共通言語としての英語の利用がある。航空管制界は高度に規制された、比較的小さな専門家集団であるため（また、参加者限定の国際的職業集団で自ら内部標準を設定できるため）、このアプローチを取るのが現実的である。多くの部分に対して、これらの条件のもとで共通言語アプローチはうまく機能する。これは、参加組織の言語が多種類であっても変わらない。これまで、時にコミュニケーションの断絶によって大事故が発生することがあったが、そのような事態は極めて稀である。

もしこの標準が実施されるのであれば、このアプローチはその規模が大きくなっても利用が可能である。すなわち、新たに参加しようとするメンバーはひとつの言語として英語（および、もちろんこの分野の専門用語）を習得するだけでよい。一方で現在のメンバーはコミュニティの人口が大きくなっても何もする必要はない。英語が航空管制を目的とした言語として適切である限り、このアプローチはうまく機能するのである。

しかし、もし参加組織が共通言語の合意を拒否した場合はどうなるだろうか？　例えば、NATOでは二つの公式言語（英語とフランス語）が使われている。この状況では事態が多少複雑になるが、前記の方法を複数言語へ応用するための対応策は可能である。この場合、それぞれの参加組織は二つの言語しか選択できないが、新しいメンバーが組織に参加しても既存メンバーにそれ以上の負担はない。しかし現在では同時通訳の必要性があり、NATOの会議ではバイリンガルの通訳が必要である。通訳が完全で正確に働くためには、言語と翻訳者の両方が、新たな考え方（そして目的）について日々情報を更新する必要がある。もし新たな語やフレーズに追いつけなければ、適切な意味を伝える言語と翻訳者の能力は低下する。すなわち翻訳を伴うどのようなアプローチも、言語と翻訳者の両方を並行してメンテナンスする必要がある。

以上により、第二の共通言語を認めることは解決策としては単一の共通言語を採用することとほぼ

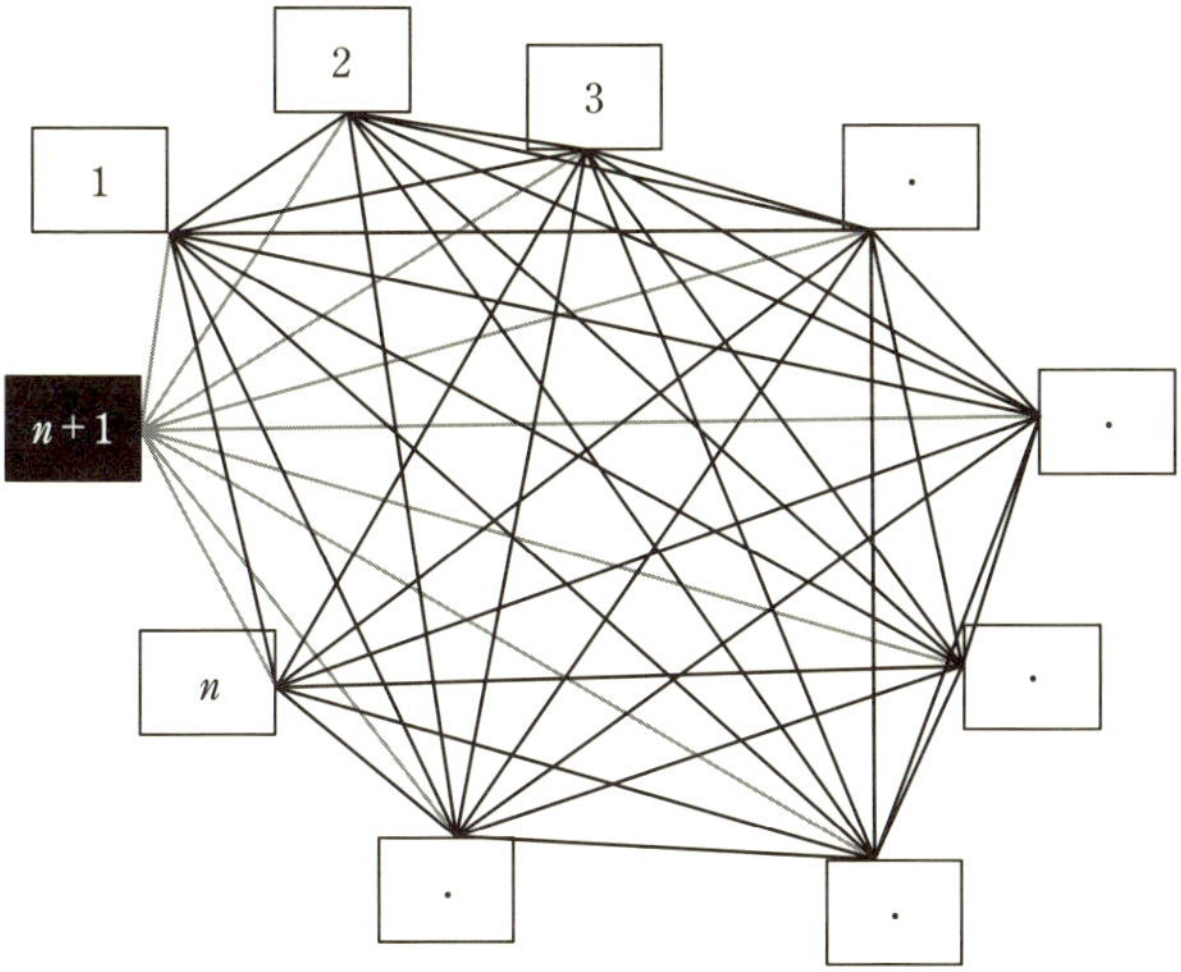

図16　n^2 問題[11]

同等であり、新規参加者にとっても都合の良いアプローチだろう。翻訳がかなりの精度で完全に自動化できれば、標準言語の数の制限を緩和することも可能だろう。

　しかし、もしこのような合意が得られず、かつ各組織がそれら独自の言語を話すことを主張した場合には何が起こるだろうか？　参加組織が参照言語の利用について合意しない限り、相互運用性の問題は急激に悪化することになる。メンバー数の増加に対して、その負担は線形でなく指数関数的に増加する。

　最悪の事態を考えてみよう。各々の参加組織が、それぞれ自分の固有言語を使うことを主張したとする。標準言語または参照言語に関する合意がなければ、双方向の翻訳者の数は固有言語の数の二乗に比例して増大する(図16)。そこで、固有の言語を持つ新しい参加者が n 個の異なる言語（プロトコルまたはフォーマット）が使われているグループに参加することを考えてみよう。すると、新たな参加者は、既存の参加者から信号または情報を受け取るために n 人の通訳の準備が必須条件となる。さらに、おそらくもっと重要なことだが、既存の参加者 n 人のそれぞれが新たに通訳を置かなければならない。n が大きくなってくると、このような負担はすぐに限度を越えてしまう。

すなわち、ネットワークセントリック的作戦に必要な相互運用性のレベルを達成する為の困難とコストを最小化することは、我々の「n^2」アプローチを避ける能力にかかっている。

相互運用性の課題

部隊の構成要素間の相互運用性を実現しようとする従来の努力は、その明白な必要性にも関わらず頓挫してきた。相互運用性の問題によって作戦の失敗が多数発生し、そのため必然的に相互運用性開発の必要性が国民の注目を集めてきた。過去、相互運用性を達成しようとした努力は強力な抵抗勢力によって妨害されてきた。その結果、相互運用性を考慮していない既存の構成要素に対して、ケースバイケースで翻訳者をあてがうという運用になっている。このため、情報交換手段の整備は時間と費用のかかるものになってしまった。必然的に、情報交換の効率化は重要なもののみにフォーカスして行うこととなり、その重要性の判断は既存の組織構造と現在の仕事のやり方（現在のワークプロセス／手続き）に基づいて行われた。

このように、相互運用性への投資とシステムの要件定義の優先順位を判断する拠り所として情報交換要求（ＩＥＲ）が注目されることは好ましくない。一つには、このような状態では、現在共有しているかまたは共有の必要性が認識されている構成要素間のみで情報を共有すれば良いのではなく、広く共有されねばならないという事実から注意をそらすからである。このような（作戦レベルでのみ適用される）相互運用性へのニーズとその本質に関する旧態依然な考え方は、戦術レベルでの一対一の相互運用性に対する必要性への認識を誤ることとなった。この種の盲点は、要求項目の原案作成者があまりに狭い範囲でそれを作成する状況を引き起こす。たいていの場合、（相互運用性を達成するための）情報交換のニーズが見つかること自体が相互運用性に依存しているという、鶏と卵の状況となっている。

たとえ、与えられた構成要素に対して正しくかつ正確にＩＥＲを特定可能だとしても、情報の共有は、新しい構成要素と新しい能力が配備されるに従い、完全に予想するのが不可能であるような方法で任務と環境の機能の双方が変化するのに対応しなければならない。ゆえに、相互運用性の要求は基本的なものであり、ある特定のＩＥＲのために後付けできるアップリケのようなものではないということを理解することが重要である。従って、相互運用性へのＩＥＲ的取り組み方法は、年を追うごとにますます相互運用性の達成を困難にする方向へと私たちを導く。変革の観点から見ると、ネットワークセントリック的作戦に必要とされる広範囲な情報共有の維持管理を困難にする。その結果、新たなコンセプトによる作戦と意志を有する同盟国（あらゆる種類の仲介機関、国際組織を含む）による作戦は、不利な状況に置かれることになる。

我々は相互運用性実現のために、より効果的な手法を選択すべきである。つまり、現在、相互運用性を阻んでいる障害に取り組むための有効な方法を選ばなければならない。相互運用性の実現を阻む主な障害として、かなりの割合の既存の能力が相互運用不可能であることだけではなく、絶え間ない技術の進歩にともなうその技術獲得に対するプログラムセントリック的取り組み方法があげられる。本書はパワートゥザエッジ（エッジへの権威移譲）について、すなわち組織とそれを支える構造両面の情報化時代のアプローチについて書かれている。このアプローチは、利用可能な情報のほとんどすべてを組織が生み出すことを可能にするだろう。

相互運用性のエッジ的実現方法

ＰＴＥの特性を生かした相互運用性への取り組み方法は、相互運用性に関する問題をより扱いやすいものにしてくれる。なぜならば、ポストアンドスマートプルアプローチへの移行は、我々をＩＥＲの制約から解放するからである。ＩＰを利用した情報発信（ポスト）は、情報源において情報を $n-1$ 通りのパケットに詰める必要性から解放する。情報の受け手（もちろん多くの情報源とその提供者をも含む）は、情報を取り寄せる（プル）ためにＷｅｂにアクセスできれば良い。情報を理解するには、意味論的な相互運用性の付加と、共通の専門能力と経験を必要とするだろう。ゆえに最悪のケースを想定しても、n 個のシステムをＷｅｂ化するためには、n 回（$n(n-1)/2$ ではない）の変更のみで良い。さらに、システムの数が増えるに従い、負担は指数関数的ではなく算術和でしか増加しない。これは、（従来の）アプリケーション対アプリケーションの相互運用性からデータ相互運用性への移行を意味する。

果たしてデータ相互運用性へ移行するか否かは、一つの不可能な問題を別の問題へ置き換えることに過ぎないのか、それとも進歩を意味するのかと自問する人も居るだろう。結局、苦悩のうちに終わりを迎えて失敗してしまう前に、多くの場合、データ標準を探しはじめることを経験は物語っている。失敗に終わった試みは、様々なユーザへ同じデータ標準を強要しようとしたものである。しかしデータ相互運用性は、全員に同じデータ標準に固執することを要求するものではない。例えば、「日付」データ要素は様々な方法で表現できる（*January* 10, 2003, 01/10/03, 10/01/03, 01/10/2003, 10 *Jan* 2003, 20030110）。これらすべての表記は、同じ日付を示している。情報源は、日付情報をこれら様々な表現からいずれかの（またはいくつかの）表記で発信（ポスト）することが可能だが、相互運用性はそれらの情報の利用者がそれぞれの表現形態と個々の表現形態の間の対応付けを知っていれば達成可能である。そのための負担は、情報発信者と情報探索者の間で共有される。もし、情報発信者が発信しようとする情報に価値を持たせたければ、広く認識されている形式によって情報を発信するか、またはその情報に既知の標準への対応付けを提供するメタデータを加えて発信する必要がある。もし、利用可能なデータを情報の探索者が活用したいならば、探索者は潜在的に価値があると考えている情報源が（発信の際に）利用する様々なデータ要素の形式に関して学ぶ必要がある。ポストアンドスマートプルの仕組みが実装されれば、情報の提供者と利用者の両方が賢くなる必要があるだろう。結果的に、様々で異質なシステムの集合間でのシステム相互運用性に対して、データ標準アプローチの実装が促進されるだろう。すなわち、スマートプッシュからポストアンドスマートプルへの移行は、重要な情報が識別されて適切な人物へ届くことによって、これまで手に負えなかった問題を解決するだけでなく、価値を生むすべての適切な情報と関連するすべての価値ある情報を取り寄せるのに必要な相互運用性の創造をも促進する。従ってPTEとは、本質的に統合と連合の思想である。ここで注意すべきは、(すべてのレベルにおいて) 相互連携性が無ければ、共通の状況認識は実現できないことである。共通の状況認識には、命令者の意図を共有することも含まれる。

■ノート

（１）ＩＳＯモデルを初め、異なる階層を区分けする階層構造には幾つかのモデルがある。
Blanchard, Eugene. Introduction to Networking and Data Communications. Southern Alberta Institute of Technology. 2000. Chapter 27.

（２）「ネット」という用語は国防総省のＧＩＧ（グローバルグリッドシステム）を構成するシステムの集合体を指す。
Department of Defense, Global Information Grid.
http://www.c3i.osd.mil/org/cio/doc/GPM11-8450.pdf.（March 27, 2003）

（３）メトカーフの法則では、ネットワークを敷設するコストがノード数に対して線形に増加するのに対して、ネットワークの潜在的価値はネットワークに接続されたノード数の二乗に比例して増加するとしている。
Alberts, Network. p. 250.

（４）ＮＣＷ成熟度モデルは Understanding Information Age Warfare で導入され、議会向けの NCW Report に掲載された。これは共通理解を行う能力と指揮統制がＮＣＯを行う能力とを関係付けたものである。
Network Centric Warfare Department of Defense Report to Congress. July 2001.
Alberts, Understanding.

（５）ＮＣＷ成熟度モデルでは「共同企画」という言葉を with「共同」に置き換えている。将来的に企画・計画と実行は一体化すると思われるからである。

（6）読者は相互運用性の追求がＮＣＷの能力のためにのみ行われるとお思いかもしれないが、21世紀の安全保障環境では状況への対応をどのように取るかに関わらず、状況理解のためには広範な情報共有が必要である。

（7）物理的または論理的

（8）トランスポート層と呼ばれることもある

（9）言語（例えば英語）、お互いの専門用語の理解（軍事用語や略語など）、及び共通の専門能力や経験が必要とされる。

（10）Network Centric Warfare Conceptual Framework, 2002.

（11）数学的には、$n(n-1)/2$である。が、十分に大きいnに対してn^2に近似できる。さらに詳しい説明は次のＷｅｂページを参照されたい。
http://people.deas.harvard.edu/~jones/cscie129/lectures/lecture10/images/p_to_p.html. (June 1. 2003)

第8章　俊敏性

情報化時代に成功する組織の最も重要な性質が「俊敏性」であることは間違いない。俊敏な組織は偶然の産物ではない。俊敏な組織は、そのために必要な性質を備えた組織構造、指揮統制へのアプローチ、作戦のコンセプト、サポートシステム、そして人員などの相乗効果によって生まれるものである。「俊敏な」という形容詞は、組織の任務能力パッケージ（ＭＣＰ）の個々のコンポーネントだけでなく、多くのＭＣＰを生み出す組織に対しても使われる。これらのコンポーネントに俊敏性の足りないものがあれば、組織全体の俊敏性に影響するだろう。従って俊敏な指揮統制は、俊敏な軍隊を語る上で、そのような軍隊によらない指揮統制に対して多数の優位点を持つ。しかし、俊敏な指揮統制の利点を生かす作戦の概念がなければ、指揮統制システム（人と装備）の俊敏性はほとんど何の利益をもたらさないだろう。俊敏な指揮統制システムと作戦の概念を持たない俊敏な軍隊も、同様にその能力を発揮できない。

俊敏な軍隊、ＭＣＰ、指揮統制システムおよび作戦概念は、脅威またはこれらをとりまく技術とは別個の意味を持つ。しかし、相手または環境がより予測不能で動的になるほど、俊敏性の価値は高くなる。俊敏性は、ある空間（価値の範囲、シナリオ群、任務の範囲）の中の一点（特定の事例、特定のシナリオ、与えられた任務）に関する特徴というよりも、空間全体にわたって現れる特徴なので、俊敏性はシナリオとは独立して定義される能力だと言える。我々がシナリオ依存からの脱却を必要とするのに対し、伝統的な軍事計画は脅威主体であり、さらに言えば、幾つかの起こりうる、あるいは最も可能性のあるシナリオに依存している。脅威主体の計画手法（個々の脅威に対して適した軍隊の能力の理解に基づく軍備拡張）が生まれた背景には、多くの国にとって最も大きな脅威が隣接した敵国（例えば、十九世紀から二十世紀初頭のドイツとフランスや、一九八〇年代のイランとイラクの関係のような）であったり、または帝国主義時代に母国と植民地の間の人／もの／情報の経路断絶への脅威に依存していたことがあげられる。将来発生する事象を適切にサンプリングして脅威と作戦環境の多様性を表現することが、俊敏な指揮統制をデザインするための鍵となる。

軍の機関は、想定される敵とその軍事力の特性を識別することによって、それらの敵を研究し、それらを迎え撃つために具体的な軍隊、作戦概念、そしてC2システムをデザインした。その後、軍拡競争はその優位性が数量によって達成されるようになるにつれ、物量競争となった。例えば二つの世界大戦の間の海軍力を規制していた条約は、すべての軍事機関に共通して適用可能で、数の差で優劣を評価できるようなプラットフォーム（戦艦、重・軽巡洋艦、航空母艦）の存在を前提にしていた。そのような軍拡競争では、質的な要素にさえ数値基準（銃の射程や速射力など）を適用していた。

俊敏性——情報化時代の側面での定義と位置づけ

「素早い」という単語は、しばしば「俊敏性」と同義に使われる。その語感が「素早く」かつ「確実に」動く様子をイメージさせるからだろう。また、任務遂行のために「有効である」という暗黙の前提がある。有効性自体は俊敏性とは別の次元で評価される。同様に、スピードはそれ自体が目的ではなく、目的のための手段である。スピードによって反応をより効果的にすることもできるし、反応できなかった組織をできるように変えることもできる。しかし、スピードは単に効果が発揮できるようにするだけで、それを保証するわけではない。従って、素早いだけで（成功の可能性を高めるための）知恵を伴わない行動は、我々の定義する俊敏性の構成要素にはならない。

例えば「砂漠の嵐作戦（第一次湾岸戦争）」において、アメリカとその同盟国がクウェートにおいて地上戦力を配備した直後にイラクと交戦していれば、戦いの結果は非常に違っただろうし、味方の死傷者率はずっと高かっただろう。この例は、軍が適切に配備されてすでに交戦可能になっていたある時点に交戦を始める必要があるかどうかという選択である。戦闘を開始せずに軍事行動のペースを支配し、戦いの時刻、場所、および決め手となる交戦形態の決定権を得たことで、配備直後に攻撃することで得られた可能性のある結果よりも良い結果をもたらした。ちょうど、シロカモシカ（険しい斜面で生活し、岩山の登り下りが上手い）の俊敏さが、いつ跳躍するか、そしてどの岩の上に着地するかを正しく選択することに依存しているように、軍隊組織の俊敏性は、いつどこで、どのように戦力を投入するかの決定に始まる。実際、古典的な言葉として孫氏の兵法は「百戦百勝は善の善なるものにあらざるなり」と述べている。(1) 戦わずに敵を制圧することが善の善なるものであり、言い換えれば、俊敏な機動作戦と示威行動を組み合わせれば、戦力を投入することなく任務を完遂できるということである。

工業化時代の組織は、いかなる環境でいかなる脅威があるかという特定の仮定のもとで、特定の作業または任務のために最適化されたものである。それゆえに、急速な変化（順応する時間が無く、作戦環境を予期しない状況に移行させるようなダイナミクス）、または大きな不確実性（理想的な組織的形態やワークプロセス、あるいは原則が不明であること）と直面するときに、数々の問題が生ずる。ドイツが第二次大戦中にパルチザンとの戦いで経験した問題、植民地宗主国が民族解放戦争のなかで経験した困難、アメリカがベトナムで経験した難題などはすべて、同種の軍隊相手の伝統的かつ対称的な戦闘に最適化された正規軍が、必要な俊敏性を失った例である。実際、アメリカが国家として存在していること自体が、少なくとも部分的には、素性の異なる戦場で異なる種類の軍隊と交戦するときにはまったく無力だったイギリス常備軍に由来している（訳注・アメリカ独立戦争時のこと）。[2]

俊敏性は、俊敏性を達成する鍵として理解されてきているネットワークセントリック性とともに、変革されつつある軍隊の最も重要な特徴として認識が高まっている。同盟国、特にイギリスは俊敏性を彼らの軍隊の重要な機能と位置づけ、指揮統制アプローチを行う根本的な目的としている。俊敏性は単に指揮統制のシステムの属性であると考えることはできない。軍機関は、俊敏性の考慮が任務能力パッケージ、作戦の概念、または軍事力に浸透しなければならないとしている。このことは、俊敏であるためには適切な構成要素（例えば、センサ、情報基盤、戦闘システム）だけでなく、正しい教義、組織、人員、トレーニング、およびリーダーシップが必要であることを意味する。さらにそれは、任務有効性だけでなく、俊敏性も評価の対象になるような軍事演習を通してこれらのMCP構成要素を共進化させる必要があることをも示している。実際に同盟国は、アメリカの変革の歩調に合わせるために適切な短期的投資決定をする必要があることを意識している。どの国であれ適切な投資の細目は、彼らの果たそうとしている役割とそれらの既存の資産によって違うが、もし検討した投資選択が俊敏性の度合に重点を置いているならば（そして俊敏性を達成するためにネットワークセントリック的となる能力に注力するならば）、すべてうまくいくだろう。

俊敏性の可能性は、ネットワークセントリック的戦争における状況認識の共有と協力によって大いに強化される。一言でまとめるならば、より多様な情報領域、認知領域、そして社会領域は、より強力な俊敏性の実現を可能にする。

俊敏な指揮統制

この節の議論では、俊敏な指揮統制が「俊敏な軍隊とその運用」というコンセプトの文脈においてのみ意味を持つということを念頭におき、俊敏な指揮統制に焦点を絞って議論する。俊敏な構成員（例えば、司令官に要求される俊敏さは他の人員とは異なる）、俊敏な組織、俊敏な指揮統制システム（人員およびその支援情報システムと決定支援）、および俊敏な軍隊は、俊敏性の有用な要素である以下の六つの属性の相乗作用の組合せを有する。

①　頑健性：タスク、状況、および条件の範囲にわたって有効性を維持する能力

②　復元性：環境における不運、損害、または不安定化をもたらす混乱から回復または適応する能

力

③応答性：タイムリーな方法で環境の変化に反応する能力
④柔軟性：成功するために複数の方法を使い、それらをスムーズに使い分ける能力
⑤革新性：新しいことをする能力と新しい方法で古いことをする能力
⑥適応性：ワークプロセスを変更する能力と組織を変更する能力

俊敏性のこれらの属性が分析的かつ個別に、しばしば違う領域と状況で測定されなければならないわけだが、多くの場合、相互依存している。さらに、これらの属性の一つが欠けていると他の属性は達成がずっと困難になる。しかし、すべて揃っているときは、成功（任務完遂）の可能性が非常に大きくなる。これらの属性をそれぞれ以下のように定義し、議論したい。

頑健性

頑健性は、衝突、作戦環境、および／または状況の範囲に波及し、任務の範囲全体にわたる有効性のレベルを保持する能力である。頑健性はまた、①作戦の概念、②指揮統制システム、③軍隊が特定の脅威に対して最適化されるとき、最初に失われるものである。軍隊に頑健性が欠けているのは、工業化時代では正規の軍隊以外を相手にする戦闘や戦闘を伴わない軍事行動は、軍機関が効果的に対処できることの中では重要でないケースと想定されていたためである。

敵を野外におびき出すか特定の拠点（例えば正規の軍隊同士のように対称的にふるまう）を防御せ

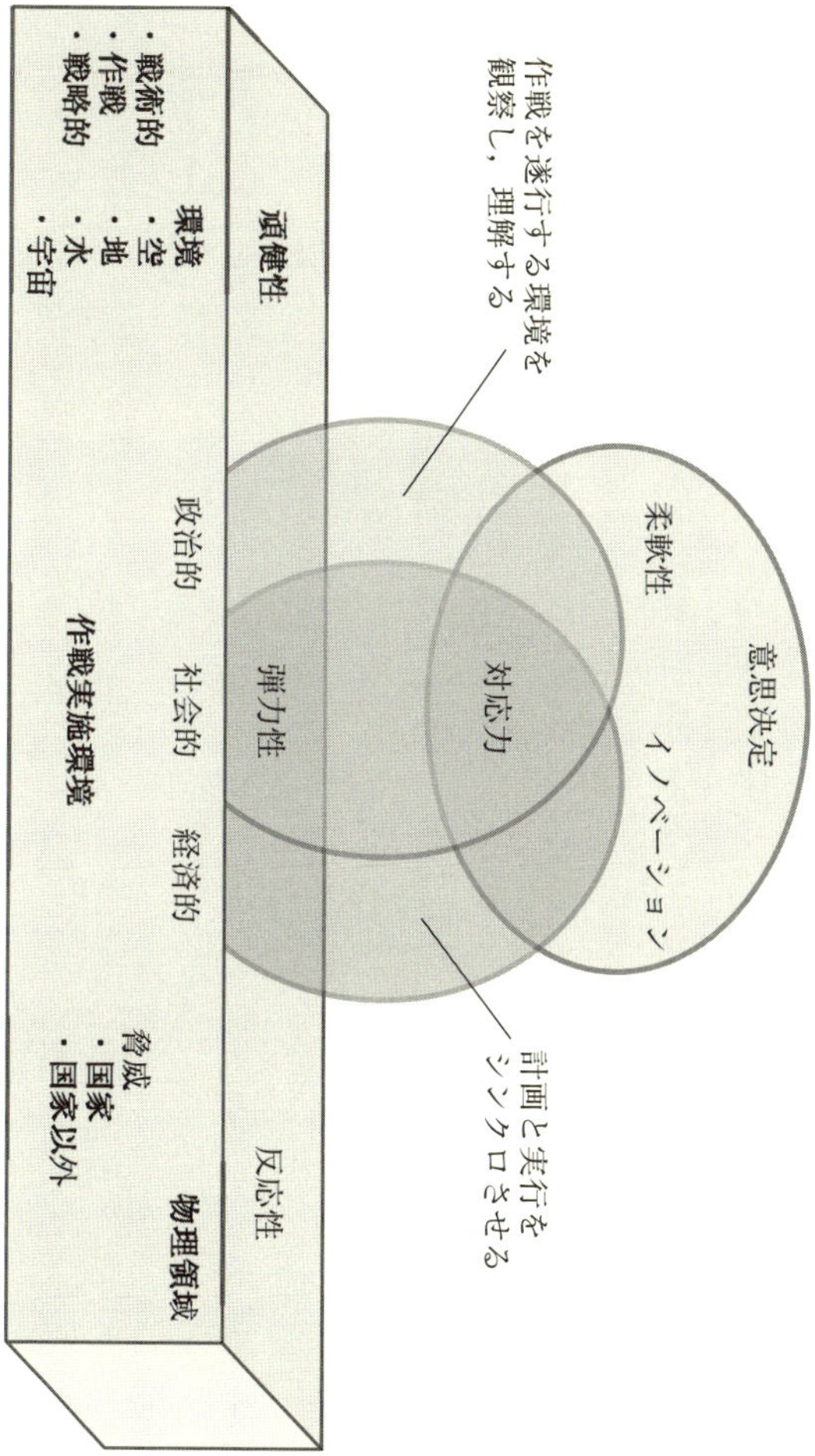

図17　戦争の領域における俊敏性についての六つの側面

ざるを得ないようにすることで、正規の軍隊は熟練、火力、および機動作戦の優位性に基づいて任務を遂行することができた。それゆえ、インドでのアメリカによる作戦展開からインドシナでのフランス軍まで、対ゲリラ作戦ではゲリラの攻撃から防御しやすい拠点を作るとともに、ゲリラが防御に回らざるを得ない地点に攻撃を仕掛けようとした。これは、伝統的な戦闘方法を伝統的でない軍隊に強いる方法だった。

しかしながらナポレオン戦争の間のスペインにおけるフランス軍、ボーア戦争におけるイギリス軍、第一次世界大戦の間の北アフリカとアラビアのトルコ軍、第二次世界大戦中のヨーロッパにおけるドイツ軍、第一次世界大戦の間のフィリピンにおける日本、そしてベトナムにおけるアメリカが学んだように、不利な条件下での戦闘を避けるように組織され、高く動機づけられた非正規兵（ゲリラ）の軍隊を、伝統的な戦闘に最適化されている軍隊によって打ち砕くのは困難を極める。

支援を要する軍隊の任務範囲拡大とともに、工業化時代の軍隊の頑健性の不足がにわかに問題視されるようになった。様々な種類の平和活動（調停、平和執行、平和維持）と人道的観点からの支援の取り組みは大変複雑で、曖昧な任務と同様に軍隊につきものとなった。ハイチでのアメリカの任務は、(3) 数時間のうちに侵略から占領へ、また経済的に存続可能な政府を目指した変革および民主化への機会を保証することに変わった。ボスニア作戦における和平実施部隊（IFOR）においては、国連からNATOの運用へと切り替わり、数週間にわたる和平実現と国家建設に切り替わった。(4) コソボにおける国際安全保障部隊（KFOR）では、軍の役割は動的で複雑な役割を課す国家安全保障、人道主義、そして国家建設が渾然一体となっている。(5) コソボに続きアフガニスタンでも、このような任務の変化が起こっている。

コロンビアや転換しつつある諸国で行われたアメリカ政府支援による麻薬撲滅活動は、軍隊のリソースと法執行の役割および任務を組み合わせたものである。「イラクの自由作戦」は、（戦場での）戦闘、対ゲリラ戦、および人道支援活動を同時に行う作戦だった。

二十一世紀に入り、テロが国家安全保障への主な脅威として浮上し、まったく新しいクラスと優先順位を持った任務を生み出した。テロはまさに、伝統的な爆弾、暗殺、誘拐、および人質を取るだけではなく、様々な脅威に関係してくる。今日では、大量破壊兵器の脅威さえも含んでいる。テロリストまたは国家が支援するテロリストグループは、アメリカ国内の軍関係者と設備に対する脅威と同様に、国外駐留の軍隊にも化学、生物、そして核の脅威をちらつかせている。現在の軍の装備では、二〇〇一年九月十一日における攻撃の際のハイジャックのような、ある種の脅威が発生した後でなければ対処できない(6)。その他の攻撃によって、軍の優れた兵站、通信および死傷者救助能力が必要となる状況が発生する可能性もある。イエメンおよびアフガニスタンでそうであったように、多くの場合、テロ集団がアメリカの同盟国を目標としてテロを実施する前に、テロ集団の組織能力を特定し、戦力を分断し、破壊するための機能が軍隊に必要となる。その他の例、例えばフィリピンで行われたように、アメリカ軍が外国の軍隊および法執行機関にテロ集団特定・分断・破壊の訓練を行うことは、能力開発のための重要な措置である。

従って、軍隊の頑健性を評価する唯一の方法は、指揮統制システムの有効性や作戦のコンセプト、および軍事力を、それらが関係する作戦環境と任務の全体にわたって確認することである。これらの情報を整理する一つの方法を図18に示す。横軸は、軍部が民間の組織を支援するための警察活動と監視を通して、戦闘が発生した場合の役割を任務形態ごとにまとめている。縦軸は脅威の実態の特徴、つまり民族国家（イラクまたはアフガニスタンのタリバン政権）から準国家関係者（クルド人、パレスチナ人）、組織（麻薬カルテル、特定の倫理観に根ざす、あるいは国土を持たないテロ集団、非合法の武器商人等）、個人（攻撃の実行部隊である独立したテロリストまたは個人）、そして不可避の脅威（ハリケーン、エイズなどの疾病、または環境汚染などの広範囲の原因と結果を有するもの）などを示している。(7)

また、相対する敵国に対して最適化された軍隊が戦闘を実行する原因となりえる脅威環境を特徴づけるその他二つの方法は、軍隊の任務または衝突の①複雑性と②継続期間である。二十一世紀の国家保障環境を扱うために必要な軍事行動の複雑性は、伝統的な軍事力における課題ともなる。さらに、ほとんどあらゆる形態の軍による脅威、あるいは適用対象に対して最適化されてきた伝統的な軍隊の応答性は、いくつかの望ましい効果と、それ以外の望ましくない分化された効果を持つ。「効果主体の作戦（ＥＢＯ）(8)」は、現代の任務の複雑さと軍事行動、その作戦を、外交、情報、経済そして社会的行動に結びつけるための、それらの実装方法について理解し取り扱う取組である。

任務が継続するにつれて、頑健性に対する要求事項は変化する。作戦環境は時々刻々と変化する。それは指揮統制システム、作戦概念および軍事力が、新しく変化した状況の中で有効性を失っていないかを検証しなければならないということである。「純粋な」軍隊の任務においてさえ、敵は時とともに徐々に学習し、適応して新しい困難をもたらす。言い換えれば、新しい戦術が使用されることで

任務機構

紛争 ←→ 協調

従来型の任務モード → 新生の課題

任務機構	軍事力の行使	監視・治安維持	非軍事任務のサポート
国家 ・国 ・同盟国 ・臨時の同盟	・砂漠の嵐/砂漠の楯作戦（イラク） ・民主化指示作戦（ハイチ）	・UNMIH（ハイチ） ・Joint Endeavor（ボスニア） ・INTERFET（東チモール）	・MIA 復興作戦
国家に準ずる存在 ・民族組織 ・ゲリラ組織 ・難民	・多国籍軍（コソボ） ・Guardian Retrival (DRC NEO) ・Silver Anvil (Sierra Leone NEO)	・Restore Hope（ソマリア） ・Joint Guardian（コソボ） ・Essential Harvest（マケドニア）	・Support Hope（ルワンダ） ・Shining Hope（コソボ） ・Provide Confort（クルド）
組織 ・国際的犯罪組織 ・テロリストグループ ・多国籍企業	・Laser Strike（アンデスのドラッグウォーズ） ・不朽の自由作戦（ビン・ラディン）	・カリブ海ドラッグ阻止作戦 ・アテネ・オリンピック保安 ・対テロ組織のためのインターネット利用	・Noble Eagle（ホームランド・セキュリティ） ・Homeland BW/CW 対テロ事後マネジメント
個人・ネットワーク ・グローバル化論者 ・為替投機化 ・ハッカー ・移民	・海からのハイチ・キューバ移民の捕獲 ・テロリスト逮捕・小組織の中立化のための特殊任務	・Garden Plot（ロスアンゼルス暴動） ・CIA暗殺者の逮捕（監視） ・グローバル化運動（WTO, G8, IMF, etc）	
システム的問題 ・伝染病 ・自然災害 ・地球温暖化		・エボラウイルス蔓延阻止のための検疫	・Fuerte Apoyo（ミッチハリケーン） ・Avid Response（トルコ地震） ・森林火災の防止

図18　将来の作戦環境－安全保障に対する脅威マトリクス[9]

戦闘の局所的状況は変わるだろう。頑健な軍隊はこれらの変化に順応することができる。それゆえ、当初効果的であった戦術とテクニックも、軍事行動が進むにつれ相手に封じ込められるか迎撃され、または意味を失うだろう。より一般的に、時には一見「終わりの見えない戦い」となりつつも、当初の目的が大きく変われば、より現実的にはそれは「任務の進化」となる。例えば、グレナダ、パナマ、およびハイチの例では、その目的は軍事任務として始まったのち、国家保障、国家建設へと転換された。その時点で軍の役割は減少した。同様に、ボスニア、コソボ、およびアフガニスタンの状況も時を経て徐々に変化してきた。もしこのパターンが何度も繰り返されたと仮定すると、いまやそれは任務のある特定クラス固有の側面と見なすことができる。俊敏な軍隊は、敵の戦い方の変化あるいは基本的な任務の変化にかかわらず、時代を超えて関連し有効であり続ける。

先に示したように、軍隊、指揮統制システム、または作戦概念の頑健性を計測する適切な方法は、それらを様々な状況の中に置いてみることである。これはケーススタディ（最新または将来の能力を調べるのに有効なテクニックとは必ずしも言えないが）または実験によって確認できる。"*The NATO Code of Best Practice for C2 Assessment*"[10]では、関係する作戦環境またはシナリオの範囲を限定して、その範囲を反映する特定のケースを選ぶ重要性を強調している。それは、アセスメントが理性的に評価範囲をサンプリングする保証を要求している。頑健性を評価する上でもっとも有益であるような要素は、任務形態（目標、または同盟の性質）、相手の性質、複雑さ、期間、および作戦の範囲（それが他の要素の中ですでに含まれていない範囲まで）である。

復元性

復元性[11]は、困難な環境における不運、損害、または環境を不安定にする動揺から回復または順応する能力である。[12]軍の指揮統制システムと軍隊は、困難な状況の中でもしばしば攻撃すること、もしくは行使することを求められる。相手、特に非対称な敵は、しばしば味方の能力を低下させるか不適切なものにすることに攻撃の焦点を合わせる。その攻撃には、電子的妨害工作を通じて情報を破壊し、利用可能な方法を使って指揮統制設備とシステムに物理的損害を与え、妨害によって我々の情報を利用する敵の活動が含まれる。例えば、テロ集団は彼らが熟知している自動車爆弾その他の攻撃手法で指揮統制システムをかわして攻撃しようとしているのに対し、軍隊の組織は重要であると認識している指揮統制ノードを目標とする。すなわち反体制派は、商用コンピュータまたは電話通信設備などを使う（バックボーンや基幹システムへの）ＤｏＳ（Denial of service）攻撃（サービス不能攻撃）を開始すると考えられている。

ネットワークは元来、工業化時代の軍事組織を特徴づけていた階層的で縦割りのシステムよりも復元力がある。なぜなら、利用可能な複数の経路があり、一つのノードまたはリンクの損失があっても、頑健にネットワーク化された力によって吸収されるためである。インターネットがそのよい例で、極めて単純な原理の上に成り立っており、負荷がかなり高くなってもサービスを維持できる、非常に復元性に富んだコミュニケーションシステムである。[13]自己修復ネットワーク、自己組織化システム、およびその他の増大し続ける技術進歩の利用可能性は、（インターネットが）信頼できない要素から構成されるにもかかわらず、攻撃あるいはサービスのレベルを維持する上でネットワークの能力をいっそう強化してきた。軍隊の指揮統制システムは、復元性を持つようにデザインされない限り、情報を確実に伝達するという重要な目標を達成することができない(14)。

軍隊組織は、非常に過酷な環境下で機能しなければならないので、常に十分な復元性を持つように注意して設計されてきた。重要なノード、例えば主要な指令センターの損失でさえ、伝統的には政策的な解決方法、つまりあらかじめ決められた問題発生時の対処方法（規則）を準備しておくことで、それらが場所から場所、プラットフォームからプラットフォーム、そして司令官から司令官へ渡されて行くことで克服されてきた。しかし、そのような調整は常に代価、例えば指揮統制構造が変更されて情報の流れが再設定されたり、新しい司令官が独自の経験と専門技術を反映させるべく実行した既存のプランの変更により、焦点が変更する間の時間的損失を伴ってきた。戦闘部隊は、復元性を保証するために冗長性に大きく依存してきた。一方のユニットが疲弊すると前線から後退させ、別の部隊と入れ替えられる。事故または敵の攻撃によって破損したか破壊されたプラットフォーム（戦車、航空機、艦船）は、別のプラットフォームに置き換えられる。工業化時代の軍隊の兵站政策は「鉄の山」と言う言葉で特徴づけられる。あらゆる種類の供給品と施設を膨大な量で準備することで、戦闘のいかなる機会も無駄にしないよう、いかなる損耗（品）も交換され、あるいは修理できるようにするためである。

情報化時代の復元性へのアプローチは、二十世紀(15)よりずっと効率的であることが証明されつつある。第一に、指令センターはより安全な状態に置かれるようになった。そのため、指令センター機能は分散させられ、重要な資産を危険な場所から離して置くために、リーチバックとリーチアウト（分散配置された指令センターへの高速大容量データ転送と解析、およびその結果を前線へ転送して作戦支援すること）に依存している（もちろん後方エリアの設備は、テロ、サイバー攻撃、およびその他の脅威から守られなければならない）。工業化時代の多くの司令官は、戦場を動き回るために相当な時間を費やしたのに対し、情報化時代の司令官はより機動性があるため、危険のより少ない状態にあるといえるだろう。第二に、コミュニケーションはネットワーク化されることで、ネットワーク自身が元来持つ多大な復元性を獲得し、そして自己組織化と自己修復作用の特性によって、よりいっそう特徴づけられている。第三に、協調的な意思決定方法の活用は、期待される決定の品質を高めるだけでなく、命令の意図や個々の決定の背後にある理由を広く深く理解することを保証する。このため、たった一人の司令官、プラットフォーム、あるいは部隊の喪失が作戦を崩壊させたり、混乱させるようなことを引き起こしにくくなる。さらに、より情報の質を高め、広く共有することによって、情報化時代の軍隊は死傷者とプラットフォーム損失を減らすことができた。その結果、時間とともにより強固な整合性を生み出し、さらに軍隊が交戦、戦闘、軍事行動の間に学習し続けることを可能にする。情報化時代の兵站システムは、量ではなく情報によって強化される。それらはあらかじめ最小限の人員・装備を配置するとともに、脆弱性を低減するためにその他のリソースを分散させ、戦闘空間の近くへ配送し、前線で修理する代わりにモジュール単位での交換手法を用い、「察知し、直ちに応答する」システムを構成するのである。このようにして、情報化時代の例にならって発展していくだろう。

復元性は個人の特性でもある。プレッシャーとストレスの下で「耐え忍ぶ」能力には、個人差があるという研究結果が出ている。特に個人は、大局的な条件よりもむしろ局所的な条件から原因と結果がもたらされていることがわかり、他人よりもあらゆるイベントにうまく対処できると考え、問題が恒久的でなく一時的なものであると認識したときはより素早くより効果的に立ち直ることを示してきたことが証明されている。この研究成果は、主要大企業からプロバスケットボールチーム[16]まで、様々な組織で人物選考プロセスの一部として活用され、十分な効果のあることが証明されてきた。この研究ではまた、優れた司令官は、事態が彼らにとって悪い方向に進み、一発逆転のアッパーカットで勝利をつかみ取る方法を見つけるか、あるいは初期条件のよりよい別の機会に再び戦うために損害を被らぬように困難な状況から彼らの力を引き出すときには、降伏を拒否するという軍の歴史と一致している。ゆえに回復力の構築（強化）はまた、人事選考と訓練の課題とに関係する。

復元性の測定には、軍隊、司令官およびそれらを支援するシステムへのプレッシャーとショックの影響を調査する機会を作ることが必要である。多くの重要な問題と同様、測定においては、ある仕事量をこなしたり基本となる条件、すなわち繰り返しの条件の下で期待されるパフォーマンスのレベルを知ることが必要とされる。また、関連する状況もしくは任務能力パッケージの、興味深く重要な範囲をサンプリングすることが本質的であるような場合は明らかなケースである。いずれかひとつのシナリオだけでは十分ではない。さらに、ストレスとショックの大きさを測定する、管理された何らかの汎用的な方法も必要だろう。より復元性に富んだシステムは、より大きなストレスやより強いショックの下でもうまく機能し続けられる。ストレスとショックは軍事作戦につきものであり、「より復元性のある」司令官、軍隊、あるいはシステムは、より大きいストレスとより強いショックに耐えられ、ほとんど混乱することがない。ここで少なくとも一つの、混乱を増すような要素をまた考慮せねばならない。すなわち、圧力とショックを避けるのが最も良いアプローチであることである。つまり、この非常に重要な要素（圧力とショック）をコントロールする手法が確立されねばならない。安定性、集中および複雑さなどの概念は、復元性を測定するための基盤を提供する。

最後に、復元性は俊敏さの他の要素と相互に依存する。特に適応性の高いワークプロセスと組織構造は、柔軟で革新的な意思決定と同じように復元性と相互に関係がある。復元性における「状況変化への対応の早さ」という要素はまた、応答性と相関する傾向がある。

応答性

いくつかの点で、応答性は俊敏性の最も基本的な属性である。応答性は、状況に応じた方法で効果的に行動する（または反応する）ことであり、作戦概念、指揮統制システム、または軍隊の能力と関係している。空対空の戦闘などの非常に高速度の戦闘の領域では、非常に短い応答間隔が決定的となるだろう。軍隊の移動等により多くの時間を必要とする地上戦などの軍事領域では、分単位の応答（例えば大砲からの発射、ロケットまたは近接航空支援）または時間単位の応答（移動、再武装、または地上プラットフォームのための防御用のポジションの準備）が適正だろう。いくつかの領域として、伝統的な潜水艦戦、戦略的配備、または情報戦などでは、日単位または週単位が適正な速度だろう。本質的に、軍事行動は好機を逃さずに実行されなければならない（またそれは状況と流れの中で変わってくる）。それゆえ、唯一の「最適な」応答時間というものは存在しない。

応答速度は重要だが、性急で正当性のない行動は応答性がよいとは言わない。軍隊や作戦上の概念、または指揮統制システムの応答性がよいと言えるためには、適時性と有効性の両方の品質が存在する必要がある。サウジアラビアの防衛と、一九九一年のクウェートからのイラク軍の排除は、この点において優れた例を示す。クウェートが陥落したとき、アメリカとその同盟軍にとっての最優先事項は、サウジアラビアの領土保全を保証することだった。迅速な配備（空軍力と軽装備の軍隊）と強い外交および情報戦の組合せは、非常にすばやく確立された。しかし、同盟軍や必要とされる軍構造の形成に時間が必要であったので、クウェートからイラクを排除するというより重要な目的はただちには実施されなかった。もし、アメリカとその最初の同盟軍が早期の反撃に出ていたならば、有利というにはほど遠い状況で作戦を実施することになっただろうし、作戦に伴うリスクとコスト（特に生存のためのコスト）は当然のことながらもっと高かっただろう。相対的に作戦を慎重に進め、同盟軍を形成し、選択肢を吟味する作業により（柔軟性＝初期の計画は拒絶され、必要とされた軍は規模変更され、そして新たな選択肢が作り出された。[17]）、アメリカ主導の同盟軍は戦闘において、決定的な時間、場所、そして形態を選択することができた。

ネットワークセントリック的戦争が単に工業化時代の軍事行動の延長であったならば、上記は応答性についての十分な理解であるといえるだろう。しかし、改善された「気づき」の共有、状況判断のために増大した能力、より早い意思決定、指令の意図と指令（それほど詳細には立ち入らない概略的内容）のより迅速な伝達、およびより多くの自己同期した行動が相互に関係するという考えは、感度が新しいレベルに移行可能なことを意味する。真の情報化時代の軍隊は、その工業化時代に対応するものよりも多くの好機を生み出すことができる。さらにその指揮統制システムとプロセスは、それが

（軍隊の構成要素間、あるいは軍のそれらの構成要素と民間の組織の要素の間の）相乗的行動のためにより多くの機会の認識を可能にするので、情報化時代の軍隊は伝統的な軍隊に比べ、「より激しく攻撃する」、あるいは任務遂行へ向けてより多くの推進力を生み出すことができる。

軍隊の応答性は、それが持つ同時的かつ継続的な作戦を遂行できる能力によって強化される。つまり単に激しく攻撃するだけでなく、敵における状況認識の確立と対抗手段の準備のための機会を奪う。本質的に応答性とは、より早く、より多くの機会を見つけ、より迅速に、より効率的に、より効果的にそれらを利用する能力を意味する。図19はこの原則を示している。工業化時代の軍隊は、（図のように二カ所の急所に注目しているボクサーのターゲットのように）敵の中に理想的な重心を探し、あるいは生み出そうとし、あるいは一連の行動によっては利用可能な計画を作り出そうとする。これに対し情報化時代の軍隊は、（図の武術家のように）より多くの急所を認識し、より速く、より大きな打撃を敵に与えるとともに、より大きな不確定性を敵に作り出す、いくつかの連携した動作の組合せをとることができる。より強大な相手が柔軟性と俊敏性の両方を持ち合わせていれば、おそらく彼らのより強力な資源を戦場において決定的なものにすることができるだろう。

もちろん、応答性は俊敏性の他の属性に依存する。例えば、意思決定における柔軟性と革新性は、ともにチャンスとそれを利用する方法を識別する能力に影響を与えるだろう。同様に、応答性は関係する任務と作戦環境の範囲を横断した価値の分散であるから、指揮統制システム、作戦概念、または軍事力の頑健性と関連している。最終的に、適応性（組織とワークプロセスにおける変化）、特にその応答性は、Ｃ２プロセスのスピードと品質を高めることによって増大させることができる。（消極

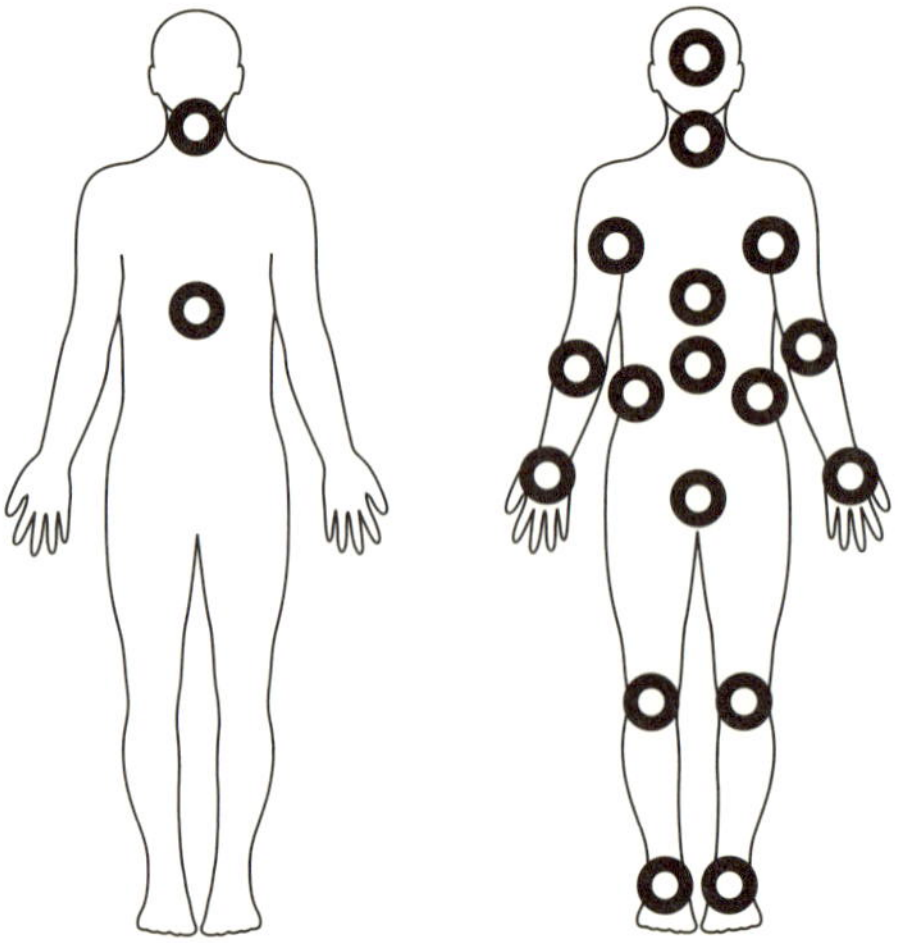

ボクサーの狙う場所　　武術家の狙う場所

図 19　標的数及び戦闘スタイルの比較：ボクサー（図左）は頭と胴体を標的とするのに対し、武術家（図右）はより多くの敵の急所を認識している

的には）チャンスを有効に生かしきれなかった頻度に注目することで、また積極的には実験において指揮センターにより認識され、利用された機会の相対的な事例数に注目することよって、我々は特定の戦闘や作戦行動における応答性の一つの側面を容易に測定することができるが（HEAT system における伝統的な計測法の一つ[18]）、測定を有効かつ信頼に足るよう保証するためには、高いレベルでの軍事専門知識が必要とされる。指揮統制システム、作戦の概念、あるいは軍隊全体の応答性は、俊敏性の他の要素と同じように、任務と作戦状況の範囲全体にわたる応答性の分布に依存する。

柔軟性

柔軟性とは、異なる方法で成功をおさめる能力を意味する。柔軟な指揮統制システムまたは軍隊は、その割り当てられた任務を遂行する多様な方法を生成し、検討し、実行することができる。これにより、効率的に任務を遂行するために多様な相乗作用の効果を利用する「効果主体の作戦」を指揮することを可能にする。柔軟な軍隊はまた、相手が効果的な行動方針を見つけることを非常に困難にする。相手方が我々のいくつかの選択肢に前もって対処するか、あるいは阻止するならば、友軍はシームレスに他の選択肢に移ることができるからである。そうすることによって、友軍は任務遂行の可能性を増大させつつ、勢いを維持し、相手方に圧力をかけ続ける。

例えばアフガニスタンでは、アメリカによる作戦計画の初期段階で、いくつかの異なった作戦の行動方針が認識され、アナリストとプランナーのチームがその個々に割り当てられ、作戦が採用された場合の個々の方針を調査し、成功に必要な条件を決定し、どのように時間とともにイベントが進展すべきかを調査した。最終的に、これらの選択肢の中から、最も成功確率の高い部分同士が一つの首尾一貫した計画として融合された。同時に、司令官と彼の計画スタッフは代替案に対し、戦場の変化にあわせた代替案と作戦修正のためのよく練られた考えを元に修正方法を残しつつ、作戦の展開とともに利用可能となる代替アプローチについて極めて十分な理解を維持していた。

柔軟性は、認知領域における最も重要な属性である。モーツァルトやベートーベンのような音楽の天才は、楽曲に関してより多くのバリエーションを作成する能力を持っているという点で他の人より

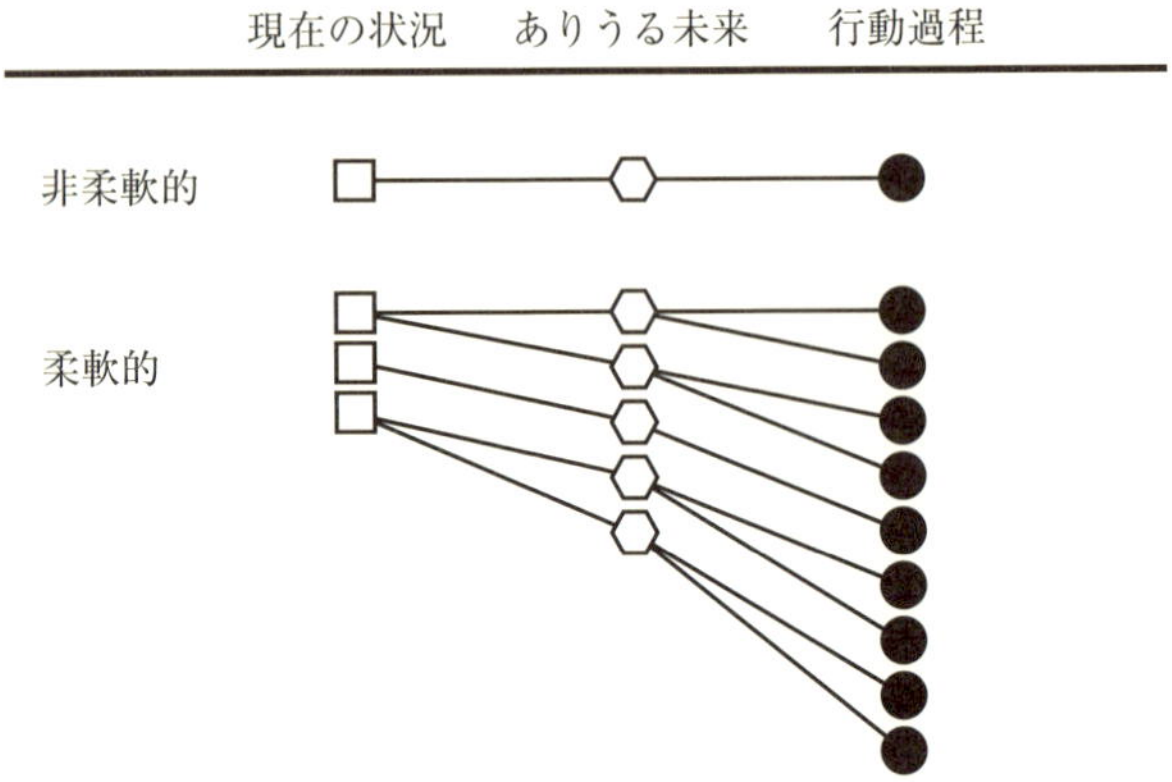

図20　柔軟性は直面する状況に対し、より多くの選択肢を生み出す

優れていた。これと同じように軍事的な天才は、ある意味平均的な司令官（図20）より多くの可能性（戦術または行動の方針）を概念化する能力を持っている。これこそが不確定性と変革の時代における、様々な分野の凡庸な管理者と、著名な組織や企業を巧みに導く能力のある管理者との根本的な違いである。[19] 軍の司令官やリーダーについてこれまでになされた膨大な研究によれば、たったひとつの行動指針のみを考え、決定を導く彼らの経験と直感に依存するような「認知的（recognition primed）」意思決定、あるいは「自然主義的」意思決定手法を試みる強い傾向が彼らにあることがわかってきた。[20] しかしこのタイプの意思決定は、次のような場合は危険となる。①状況についての知見がない（司令官およびそのキースタッフがそのような状況に対して訓練も経験もしていない）場合、②採用しようとするアプローチが相手に熟知されている場合（予測可能なので事前に察知されたり効果的に反撃される）、③状況の複雑性が単一の線形なアプローチの

能力を遥かに超えることから、成功確率が高まる相乗的取り組みとなるようにデザインされた多数の行動（しばしば非軍事行動を含む）を組み合わせる「効果主体の作戦」が必要な場合。

軍事問題に対して複数の解決策を準備することにより、もしそれ自身が目的となってしまったり、あるいは軍組織が重要な機会を逸することになるのであれば、それは効果的な軍の能力にとって障害となる。しかし、俊敏な軍隊の指揮は、与えられたいかなる状況においてもより多くの選択肢を見つける能力によって特徴づけられる。そして俊敏な軍隊は、効率的にそれらを実行に移すことができるだろう。

それゆえ、任務成功へつながる検討に値する実行可能な選択肢が多様であることは、柔軟性を示す指標といえる。司令官とスタッフのトレーニングは、精神的な俊敏さ、選択肢を見い出す能力、および彼らの間の関係を重視する必要がある。これは成功の見込み、あるいは任務遂行の可能性を高めるために、複雑な状況の確率論的状況と効果主体の作戦をどのように適用すればよいかを理解する彼らの能力に関係している。[21]

選択肢の作成が認知活動（個人の頭の中で起こる）であるのに対し、その創造的プロセスは多数の参加者（特にまったく異なる観点を有する参加者間）の間の協力により活性化される。それゆえ、社会領域は柔軟性の面でも注目すべき重要な点である。アメリカとNATOの司令官についての一九八〇年代～一九九〇年代にさかのぼる研究は、行動方針（COA）と計画立案に参加した人員と参謀本部の数、あるいは検討された選択肢と、初期計画において大幅修正のない任務、成功の見込みの数の間に正の相関関係があることを示している。[22] さらに、意思決定に関する一般的な文献は、軍事以外の領域でも同様な発見があったことを示している。特に、小さなグループに属する人々が、反証がある場合でさえ進展中の状況についての狭い視点にこだわり、たったひとつの解決策に陥ってしまう傾向は、人類共通の過ちであることが長い歴史の中で明らかにされてきた[23]。従って司令官とキースタッフ間、つまり階級と組織内およびそれらを横断した社会的な優れたネットワークを確立することが、柔軟性を高めるひとつの方法といえる。

多くの選択肢が処理されて（評価されて）、おそらく統合され、確実に明確かつ機敏な伝達と実施によって行動へとまとめあげることができない限り、より多くの選択肢を生成可能なことは必ずしも軍事的に有益とはならない。対話と協調ツールの豊富な手段を備えることで活用可能となった社会ネットワークは、成功の可能性を高める。選択肢を生成するプロセスが協調的なもの（階級組織、機能領域、省庁間パートナー、および同盟諸国間を横断する協力）であるならば、決定を迅速に行き渡らせる能力と、それが正しく理解される見込みが増大することを期待できる。同様に、彼らはプロセス、早い時期において解析に基づく選択肢、およびそれらの背後にある論理を理解しているので、下位組織が利用可能な時間は増大する。

最後に、二つの重要な能力が柔軟性の概念の中に潜んでいる。一番目は、戦場において新たな機会または脅威を与えるような変化をよりすばやく認識するための能力である。工業化時代の組織において、（整然と組織化されて形式的なプロセスおよび計画立案へと組み上げられてきた）形式的な危機対策と「個々の選択肢とそれに伴う結果」は、以後は戦闘空間の著しい変化を認識するにつれ、司令官とキースタッフによりすべてのレベルにおいてシームレスに補正される必要がある。そのような状況の変化は、敵による行動や環境的なイベント（たとえば視界を低下させる悪天候）と関係するだろう。それらはいくつかのオプションを除外するか、あるいは優先順位を下げたり、また軍事的リソースが解放可能であったり、より効果的に再割り当てできることを示す。しかし、柔軟な実装のための鍵は、詳細な危機対策を開発する必要なく、任務成果への推進力を維持する複数の選択肢の間でシームレスに活動する能力である。俊敏な指揮統制システムは、時間とともに維持されている一貫性により、その力が複雑で、複数の軸（同時かつ連続的ないくつかの相乗作用を生み出す取り組み）の作戦を軍隊が遂行することを可能にする。言い換えれば、それは軍事力を効果的な自己同期に従事する能力へ転化する。

柔軟性における二番目の隠れた機能は、複数の代替的行動のみならず、複数の将来を予見することである。可能性のある将来の多様性は、あらゆる事態に対応できる一連の行動群のための構成要素である。その同じ多様性はまた、予期せぬ事態の発生する可能性を減らすことにも役立つ。これは作戦環境における変化を含んでいる。それは物理的（天候等）、政治的（同盟問題または標的の政治システムの変化）、または社会的（避難民等の場面における人々のグループによる反応または国際的な世論による反応）なものかもしれない。数えきれないほどの多くの事例において、敵対者は単一の一連の行動方針にのみ身をゆだねてはいなかった。実際、脆弱性と機会についての情報収集に基づく主たる努力に先立ち、旧ソビエト連邦主義は攻撃的な作戦行動のための多くの調査活動を要求していた。効果主体の作戦の採用はまた、我々が期待する結果をもたらすような方法で敵の軍事的、政治的状況を変化させ、取り得る将来を予見する能力を意味する。

柔軟性の定量的観点についていては、複数の要素を見ていくべきである。第一に、そして率直に言って、予見された純粋に異なる未来の数と、単一のあるいは複数の指令本部によって検討された代替的行動方針の数は、意思決定の柔軟性の度合いを直接的に示している。このような値には上限がある。つまり人ひとりが意識可能な記憶に維持できるのは、どんな人でもせいぜい七～九つの概念しかない[24]。しかし、軍隊の意思決定者を含め、一つの状況理解と一つの行動方針に的を絞る多くの意思決定者の傾向は、現実の司令部群がより多くのＣＯＡよりもより少ないＣＯＡしか生み出さなかった際にエラーを犯す傾向があることを示している。

（柔軟性に関する）測定と評価の第二の要素は、状況認識と理解、および手続の進行に関わる参加者の数と多様性である。この数と多様性自身は柔軟性そのものではないが、柔軟性と相関のある指標である。先に議論したように、参加者数と多様性は、階級、機能および組織を横断して指令の意図を首尾一貫させる可能性を増大させる（これは、その意図がより厳密に伝わり実行されるのみならず、より迅速で効果的な伝達と実行が行われることを意味する）。

柔軟性に関連した三番目の要素は、行動方針と計画に関する意思決定とともに、洞察力を必要とする要件（状況認識理解）のための協調的なプロセスの活用である。先に述べたことと同様、柔軟性は協調的作業プロセスの使用によって保証されるものではないが、重要な参加者同士が対話できることによってその可能性が増大する。

柔軟性の度合は、軍隊によって実施される行動の構造の点から測定できる。柔軟な複数の行動計画を持つということは、成功への複数の経路を含む。それにこれらの行動群が単独で実施されるときよりも、大きな効果を生み出すよう組み合わされると、相乗作用的になる傾向がある。言い換えれば、柔軟性と効果主体の作戦は、本質的に相互に関係していると言える。

革新性

革新性とは、新しい方法で実行する、またはなすべきことに新しい方法、特に望む目的を達成するために新しく工夫された方法で取り組む能力である。これには、任務と作戦環境について長期にわたって（軍事行動の間の任務または交戦にわたって）継続的に学習し、学んだ教訓の利用により競争力を生成維持する能力が含まれる。たとえ首尾よく何度も任務または使命が柔軟に成し遂げられ、また指揮統制システムとプロセスがどのように柔軟であったとしても、機会を活用し、（敵による）予測可能性を排除し、明らかになりつつある脅威を避け、敵に均衡を失わせ、不確実性の高い状態にするために、継続中のいかなる作戦においても創造的変化が必要とされる。同様に、得られた教訓と次の敵によって利用されるかもしれないパターンに対し、作戦上の経験が抽出され整理されねばならない。相手は時間とともに、そして作戦を通して学ぶ。敵は次回も同じ方法で行動／反応するとは限らない。革新性は、彼らの知見にもとづく優位性を否定し、彼らが我々の政策、戦術、技術、手続きに関する知識を利用しようとする取組を挫く。

アメリカの次の二つの失敗例は、今日の脅威の環境における革新性の重要さを示唆している。一九八三年、ベイルートでのアメリカの海兵隊兵舎の破壊は、自爆テロによって遂行された（図21）。兵舎は広い障壁と武装した警備兵によって厳重に守られてはいたが、その防御は静的なものだった。つ

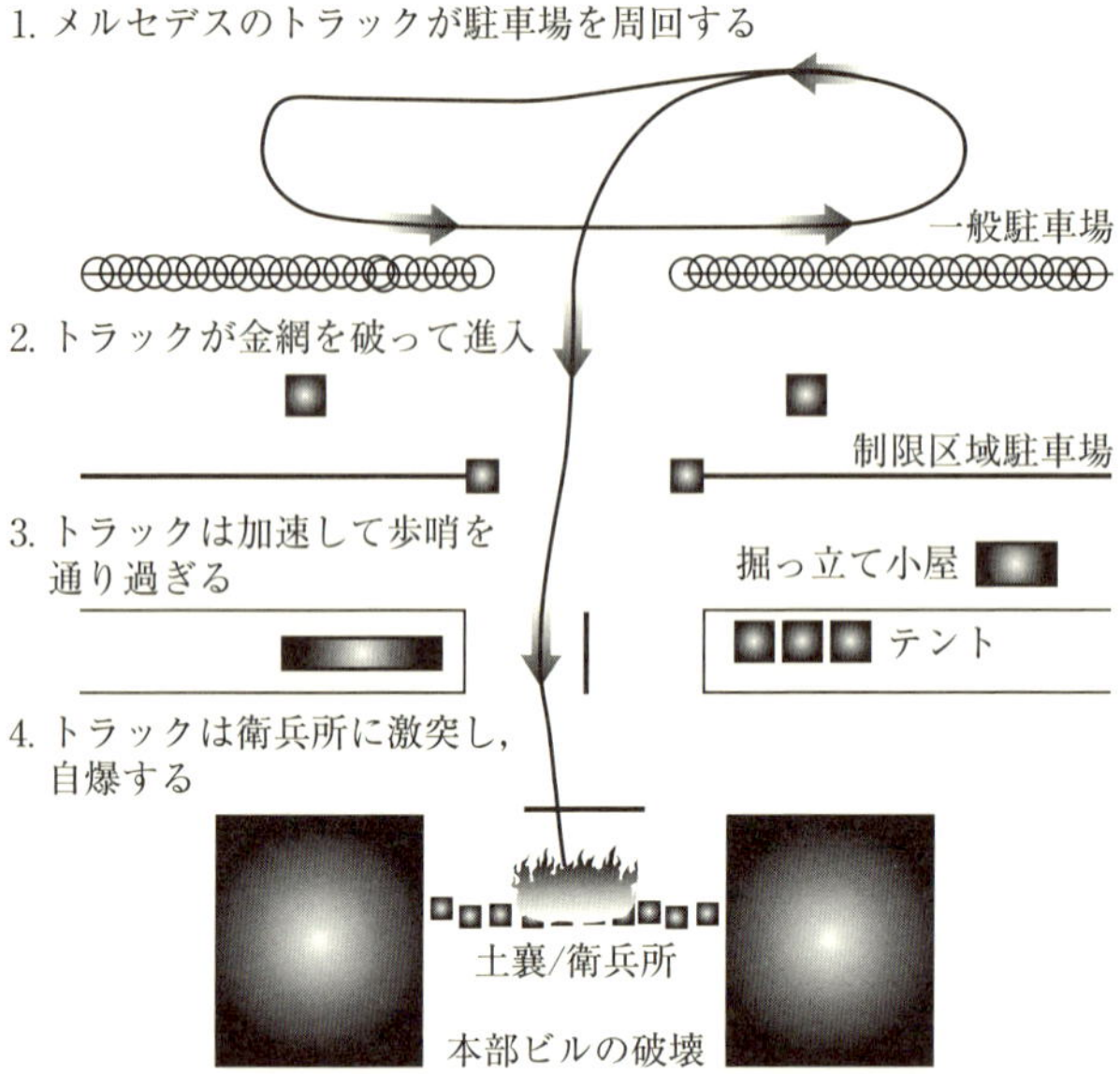
1. メルセデスのトラックが駐車場を周回する
一般駐車場
2. トラックが金網を破って進入
制限区域駐車場
3. トラックは加速して歩哨を通り過ぎる
掘っ立て小屋
テント
4. トラックは衛兵所に激突し，自爆する
土嚢/衛兵所
本部ビルの破壊

図 21　ベイルートにおいて自爆犯が辿ったルート

まり、それらはテロ攻撃までの間、何週間も変更されずそのままだった。守備形態が周知であり把握可能であったということは、攻撃を計画するグループが守備形態の模擬環境を作れたということである。彼らはこの模擬環境を訓練に使い、爆発物を運ぶトラックのドライバーは、兵舎への到達に必要となる精密なルートを運転するためのかなりの経験を得ることができた。防御面でいくらかのランダム性（障壁のパターンを変更し、警備兵などの位置を変更する等）があったならば、トラック爆弾が成功する確率は小さかったはずである。[25] このテロリストの攻撃は、中東におけるアメリカの政策に多大な影響をもたらした。その主義の継続は、革新の継続的必要性についての重要な

教訓として残っている。

もう一つの例は、一九九三年のモガディシオにおける「レンジャー急襲作戦」である。このケースでは、アメリカのレンジャー部隊によって同じ戦術、同じテクニックが、いくつかの連続した作戦に利用された(26)。結果としてソマリア軍は、アメリカと国連軍の優れた火力と機動性を相殺するよう、彼らの優位性を生かした反撃の方法（ヘリコプターや多数の兵員から構成される部隊に対する手榴弾ロケットは大量の死傷者を生むこと）や、その対策を考え出すことができた。

アメリカ軍は確かに革新性を効果的に取り込んできた。これは、時間とともにアメリカ軍の目立った特質の一つとなり、アメリカの戦術を探し出そうとやっきになっている敵司令官を苛立たせることとなった(27)。一九八三年十月のハイチでの作戦の間、陸軍物資輸送のためのプラットフォームとして航空母艦を活用したことは、革新性の優れた例である。同様に、第一次湾岸戦争の地上戦の間、アメリカが強襲上陸作戦を実行しない決定をした直後の、イラク軍左側面へ回り込んだ起死回生の奇襲作戦が敵をとらえた。イラク軍諜報部を欺き混乱させる集中的な取り組みは、非常に効果的であることが証明された。

本書の執筆段階ではまだ作戦全体を詳しく記述したものは無いが、アメリカ軍はアフガニスタン侵攻時においてもまた、精密兵器の投入に対して準備のできていない敵に対して精密兵器を持ち込むなど、非常に革新的だった。使用された戦術、テクニックおよび手法の大部分は戦場で開発され、センサ、戦場の軍隊、シューターの間を斬新なリンクでつなぐ方法を用いた。

革新性の測定

信頼性と適切さをもって革新性を認識し、革新的であろうとすることは一つの課題である。革新性に必要とされる創造性の測定は、あらかじめ効果が出るように条件が整えられた事例の元では難しい。（そのような革新性を有する）どんな自動的な仕組みも、軍事作戦（定型的な兵站活動、情報・監視・偵察計画等）の何重にも構造化された構成要素群の中にこそ生み出される。唯一の一般的解決は、おそらく構造化された観察と質問の手段を用いる専門家（彼らの専門技術は通常、正当性とか確立した標準といったものに焦点を当てているので注意が必要である）を使うことである。そのような仕組みにおける専門家と呼ばれる人々は、軍事問題に対して本質的に型通りで教義的な取組みの知識を体現しているといえるアメリカの国防総省や陸海空軍等の元来保守的な組織の中では予想される戦闘環境において最適な効率を生むよう確立された業務手順が設計されてきたため、斬新なアプローチは簡単には評価されない。しかし上層部は、そのような主義に従う人々を認め、報いる。もちろん、これが軍事の天才が成功する理由である。すなわち、取られた行動が相手の司令官に予測されないからである。

創造性を評価するための既存のアプローチと手段についての研究は、重要な優先事項である。しかしこれまで、軍事分野において革新性を認識し等級付けること（「ほんの少し」創造的とは、そして「より」創造的とはどの程度なのか、等）は、相対的にほとんどなされていなかった。創造的な芸術における創造的な部分は、しばしば新しいやり方の価値について否定的な専門家によって判断される。この場合、革新性の評価にはシミュレーションの活用が役立つかもしれない。なぜなら革新性を試すことが可能で、その潜在的有効性の一端を確かめることができるからである。

革新性の理解とその測定は難しいが、指揮統制や軍隊および作戦概念では重要である。明らかに、予測可能性を排除することは俊敏性の必須の要素である。それは、平和維持から一般的な戦闘までの様々な任務において、重要な競争優位を与えてくれる。我々は、軍事作戦において革新とは何か、どのようにそれを測定するか、そしてどのようにそれを教え促進するかについて、もっとよく理解する必要がある。

適応性

適応性は、状況および／または環境の変化に応じて、軍事組織とワークプロセスを変化させる能力のことである(28)。俊敏性における他の要素は外界に焦点を合わせているのに対して、適応性は内面に焦点が合わされる。しかし適応性は、それらの他の要素と無関係ではない。私たちが働く組織と業務規則を変える能力は、違うタイプの任務をこなすときに私たちをより効果的でかつ効率的にしてくれる。この能力はまた、二十世紀（そして十九世紀さえ）の脅威に対して働くようにデザインされ発展してきた役割、政策、および習慣の束縛から我々を解き放ち、幕をあけつつある二十一世紀の状況全体に対して我々が適宜応答し、柔軟で革新的であり続けることを可能にする。

適応力のある組織は、①情報が配信される方法を変え、運用環境の変化に応じて協調作業や計画セクションへ人材を抜擢し、②国家間連合、省庁間そして非政府関係者との新しいかかわり方を生み出し、③組織をフラットな構造にし、④時間とともに経験に基づいたより効率的なワークプロセスを発展させて適応する。我々は実際、将来の状況に必要になるであろうと考えられる我々の現在の取り組み、および任務を達成可能にするやり方すべてに対する変化を見極めることはできない。むしろ我々は、将来の軍隊を組織し指揮する人々にそれらのやり方が合うことがわかった時点で、その機能を再編し、再配置することができるようにするべきなのである。

アフガニスタンでのアメリカの作戦の間に生まれた、センサ・地上軍・およびシューターの新しいネットワーク（連携）はまた、俊敏性を提供する適応化の実用化の一例である。文民の軍司令センターの設置を含む平和活動における指揮形態の進化は、同様な発展といえる。(29) NCWに必須な、機能・階級や組織を横断した統合の概念は、組織とワークプロセスの大きな変化を伴う。さらにそれらは、時間が経過しても非常に有効であることが確認された、状況に合わせて誂えられるタスクフォースの概念は、任務に基づいた軍事力適応化の優れた例である。

アメリカ軍旅団司令センターについての秀逸であるが時に見過ごされがちな研究の中でオルムステッド(30)は、それら研究の中の指揮で最も優れたものは実際に軍内部のワークプロセスを変更していることを示している。彼らは、十分な時間的余裕があって整然とした事務的手続きが可能な計画を集中的に行うフェーズと、部隊が激しく交戦中でより迅速かつ効果的に働かなければならないフェーズとの違いを認識していた。(31) ヘイズは第二次世界大戦中、戦域レベルの司令センターが戦闘経験を得るにつれ、（通常作戦活動の要員数を減らす一方で諜報活動要員の割合を増大させるような）内部構造が変更されていたことを発見した。(32) さらにそれらの多くの本部は、それらの組織図を変更するずっと以前から非公式にこのような変更を実施していた。その研究の中では、ドイツ軍が第二次大戦中に同様の

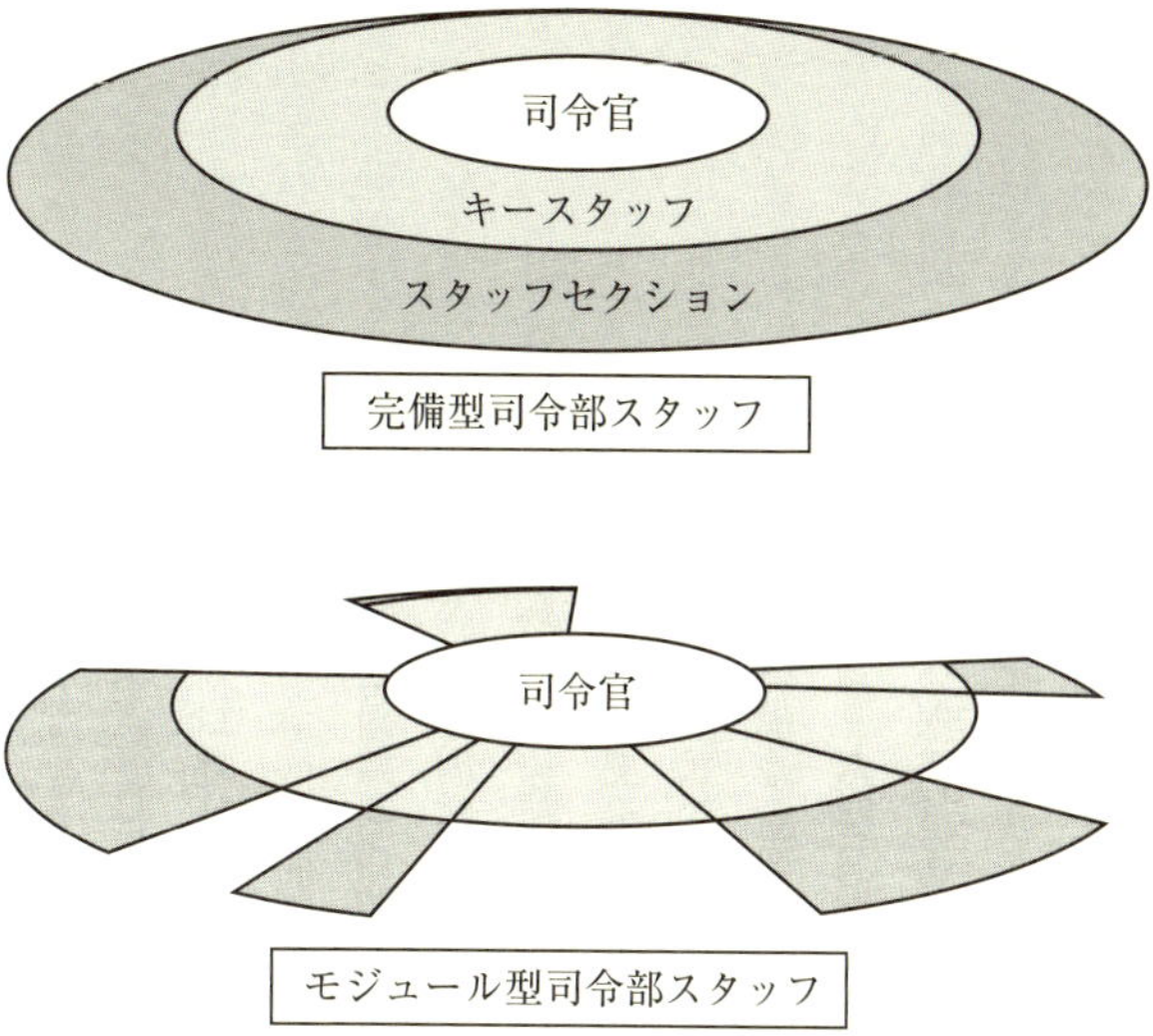

図 22　ジニー将軍の提唱するモジュール型指令センター

変革に失敗したことが、徐々に彼らの能力が衰退していった一つの要因であるとしている。最後に、冷戦後のアメリカ陸軍司令センターについての研究は、注意対象の遷移（敵の振舞いから味方の振舞い）および激しい交戦時の状況判断に与えられる時間（あるいはその短縮）について示していた。これらのパターンは、意思決定に関する心理学上の研究からも裏付けられる（研究では、人はストレスにさらされているとき、良く知っているものの方へ注意を集中すると予測している）。

組織的な適応の最も優れた例は、おそらくアメリカ海軍アンソニー・チャールズ・ジニー将軍（前ＣＥＮＴＣＯＭ司令官で、様々な軍事局面において最も経験豊かなアメリカのリーダの一人）によって推進されたモジュール型の司令センターの概念である。彼の概念は、スタッフ（側近グループの中の数人の重要なメンバー、それに次ぐレベルの参謀部のリーダー数名、および一番外のレベルの中の参謀）の階層構造を活用し、軍事任務をより大きな（国際的な）状況で捉えて人選を行うというものだった。[33] ジニー将軍は、脅威の小さいときの指揮統制にはごく少数のスタッフセクションで十分だが、（相手、もしくは平和維持軍を脅かし、攻撃をしかける可能性のある集団に関して変わってくるが）平和維持活動にはより多くの、そして主たる戦闘ではさらに多くのスタッフセクションが必要であることを認識していた。さらに言うならば、様々な機能の重要性は変化する。すなわち、法律家、医師、兵站補給担当者、文民の軍事専門家、憲兵隊、政治的なアドバイザー機能、および情報（メディア）の専門家は、人道主義の活動において主要なセクションを形成することになるだろう。それゆえ、古典的なナポレオン式の階級規約は限定的な適用方法しかなく、ある特定の任務において成功のために必要としているものと指揮が大きく異なるプロフィールを示唆する。（いずれも特定の問題に直ちに対処するために選ばれた）二、三人の重要なスタッフとセクションへジニー将軍が寄せた信頼は、工業化時代の軍隊と比較したときに適応性と同じくらいの顕著な有効性を示している。

この種のモジュール式アプローチはまた、いかに統合常備軍司令部（ＳＪＦＨＱ）を構築し活用するかという議論の中で生まれた。統合参謀本部は、これらを二〇〇五年にすべての地域別戦闘司令部（ＲＣＣ）内に形成するように命じた。[34] しかし、どのようにこれらの構成要素が組織化され、職員を置き、活用されるかは、次のような様々な活用モデル同様未解決である。

・より大きな本部のコアとしてのＳＪＦＨＱの利用
・いくつかはＲＣＣに残し、いくつかは前方配置を行うようなＳＪＦＨＱの分割
・より大きな本部の構成要素を横断するようなＳＪＦＨＱの拡大
・より大きな本部を前方配置し、一方でＳＪＦＨＱはＲＣＣに残す等

同様にリーチバックとリーチアウトの概念は、前方配置されたより小さな本部が多くの機能を実行するために、作戦戦域にはいないスタッフ要素（これにより展開領域と脆弱性を削減できる）に依存することを示している。アフガニスタンでの「不朽の自由作戦」期間にアメリカ中央軍司令官によって下された決定（主要な本部をフロリダへ残す一方で、連合部隊を設立するという決定）は、その矛盾した要求に応えるべく新たな組織を作り、ワークプロセスに適応させるという、過去の教訓からの大きな進歩を示している。

適応能力のある軍において、状況に応じて調整できるタスクフォースの概念はかなり昔から存在した。アメリカの政策は、異なる戦闘任務には異なる軍の混成部隊が必要であることを認識している。それゆえ、重要な要素の関係する能力が増大するよう意図され、またそれらの能力によって強化された戦闘組織を理解することはごく当然のことと言える。例えば、防壁を築いたり破壊したりする任務を課せられた組織は、一般に工兵隊によって支援される。第一次湾岸戦争の計画の間、クウェートを直接攻撃しているアメリカ海兵隊の重装甲能力を増大させる必要があったが、それはＭ１Ａ１戦車から成るアメリカ陸軍旅団を割り当てることで対応した。[35] アメリカ海軍はしばしば、不必要と考えられ

る構成要素を削り、任務成功の可能性を増大させると考えられる構成要素（防空網、対水雷対策、潜水艦攻撃）を追加して、各任務のために特別なタスクフォースを構築する。未来の俊敏な軍隊は、ある特定の任務を達成する、あるいは特定の目的を達成するために迅速に呼び集められ、そして再び新しい任務を果たすために編成／構成され直されるユニットによって構築されることになるだろう。これには、軍の構成要素とユニットを超えた、高い水準での相互運用性の存在が前提となる。

軍隊が自己同期するというNCWの概念は、柔軟性のみならず適応性において広範囲にわたる改善に対する要件を主張したものである。そのような軍を構成する要素は、極めて高い能力を持つ必要があり、その能力についてのその他の要素の信頼を呼び起こす。それら軍の構成要素はまた、相乗作用的行動とその行動を達成するために相互に依存しあえる能力の価値を理解し、互いを信頼する必要がある。また単に情報を共有することを可能にするだけでなく、状況認識と状況理解を発展させるために必要なツールによって支援される必要がある。さらに状況に応じて、ただちに再構成されねばならない。

NCWは、高度に適応能力のある指揮統制の構造とプロセスの必要性を示唆している。すなわち、モジュール構造であること、新しい関係者と即座にかつ効率的に協調できること、ごくあたりまえの指揮統制機能の一部としてリーチバック、リーチアウト機能を採用すること、決定的な交戦の際に非常に素早く意思決定できる一方で、成功のための十分な理解とアプローチを発展させるために十分な時間があるときは戦闘のペースのコントロールを維持すること、そして戦場における変化をただちに予測し認識することである。

適応性実現の程度の測定は容易でない。しかし、例えば組織構造の形式的な変化、ワークプロセスの明らかな変更、およびコミュニケーション形態の変化などの指標は容易に識別できる。しかしながらこれらの変化のほとんどは、一般的なレベルを越えた測定が非常に難しい。ワークプロセスにおける非公式な変化の認識は、専門家による観察もしくは関係者の（自発的な）報告がなければさらに難しくなる。そのような中でも、社会学者やその他の社会科学者の努力で、ビジネス社会やストレス環境下での意思決定を観察・測定する技術が開発されており、これらは右記の目的にも適用可能である。(36)

■ノート

(1)「孫子」岩波書店。

(2) ここでは効果よりも損害の対称性を言っている。

(3) Alberts, *Command Arrangements*.
Davidson, Lisa Witzig, Margaret Daly Hayes, and James J. Landon. Humanitarian and Peace Operations: NGOs and the Military in the Interagency Process. Washington, DC: CCRP Publication Series. December 1996.

(4) "The Bosnia-Herzegovina After Action Review I (BHAAR I) Conference Report." Carlisle Barracks, PA: United States Army Peace-keeping Institute (PKI). May 20-23, 1996.
http://www.au.af.mil/au/awc/awcgate/lessons/bhaar1.htm. (May 1, 2003)

(5) Ministry of Defence. "Kosovo: Lessons from the Crisis." Presented to Parliament by the Secretary of State for Defence by Command of Her Majesty. June 2000.
http://www.mod.uk/publications/kosovo_lessons/contents.htm. (May 1, 2003)
Gallis, Paul E. "Kosovo: Lessons Learned from Operation Allied Force." Congressional Research Service Report to Congress, The Library of Congress. November 19, 1999.
http://www.au.af.mil/au/awc/awcgate/crs/rl30374.pdf. (May 1, 2003)

(6) Bush, President George W. "Statement by the President in his Address to the Nation." Office of the Press Sec-

retary. September 11, 2001.
http://www.whitehouse.gov/news/releases/2001/09/20010911-16.html. (May 1, 2003)

(7) Bush, President George W. "The National Security Strategy of the United States of America." White House. September 2002.
http://www.whitehouse.gov/nsc/nss.pdf. (May 1, 2003)

(8) Smith, *Effects*.

(9) 出典：Randolph Pherson の原著より。

(10) NATO SAS026. NATO Code of Best Practice for C2 Assessment. Washington, DC: CCRP Publication Series. 2003.

(11) Bell, Chip R. "Picking Super Service Personnel." Supervisory Management. Vol 35, Iss 6. Saranac Lake. Jun 1990. p. 6.
Coutu, Diane L. "How Resilience Works." Harvard Business Review. Boston, MA: Harvard Business School Press. May 2002.
Weick, Karl E. "The Collapse of Sensemaking in Organizations: The Mann Gulch Disaster." Administrative Science Quarterly. Ithaca. Dec 1993.

(12) 出典：Merriam Webster's CollegiateR Dictionary, 10th Edition. Springfield, MA: Merriam-Webster, Inc. 1998.

(13) たとえインターネットの巨人マイクロソフトが「サービス不能攻撃」による圧力に負けて壊滅したとしても。
Fontana, John. "Denial-of-service attacks cripple Microsoft for second day." Network World-Fusion. January 25, 2001.

(14) Carley, Kathleen M., Ju-Sung Lee, and David Krackhardt. "Destabilizing Networks." Connections. No 24(3): 79-92. British Colombia, CAN: INSNA. 2002.

(15) Lewandowski, CAPT Linda. Sense and Respond Logistics: The Fundamentals of Demand Networks. U.S. Navy Office of the Secretary of Defense, Office of Force Transformation. Jeffrey R. Cares Alidade Incorporated. 2002.

(16) Greenberg, Jeanne and Herbert M., Ph.D. "The Personality Of A Top Salesperson." Nation's Business. December, 1983.

(17) Petre, Peter. General Norman Schwarzkopf: It Doesn't Take a Hero. New York, NY: Banton Books. 1992. p. 451.

(18) Hayes, Richard E., Mark Hainline, Conrad Strack, and Daniel Bucioni. "HEAT measures for Decision Cycle Time, Lead Time to Subordinates and Plan Quality, from Defense Systems, Inc." Theater Headquarters Effectiveness: It's Measurement and Relationship to Size Structure, Functions, and Linkage. McLean, VA: Defense Systems, Inc. 1983.

(19) Jaques, Elliot. Social Power and the CEO: Leadership and Trust in a Sustainable Free Enterprise System.

Westport, CT: Greenwood Publishing Group. 2002.

Jaques, Elliot. A General Theory of Bureaucracy. Hoboken, NJ: John Wiley & Sons. 1976. Bohnenberger, Thorsten. "Recommendation Planning under Uncertainty: Consequences of Inaccurate Probabilities." Department of Computer Science, Saarland University. 2001.

http://orgwis.gmd.de/˜gross/um2001ws/papers/position_papers/bohnenberger.pdf.（Apr 1, 2003）

James, John, Brian Sayrs, V. S. Subrahmanian, and John Benton "Uncertainty Management: Keeping Battlespace Visualization Honest."

http://www.atl.external.lmco.com/overview/papers/951-9864a.pdf.（Apr 1, 2003）

Smith, Preston G. Managing Risk Proactively in Product Development Projects. Portland, OR: New Product Dynamics. 2002.

http://www.newproductdynamics.com/Risk/IPL921.pdf.（Apr1, 2003）

(20) Klein, Gary. Why Developing Your Gut Instincts Will Make You Better at What You Do. New York, NY: Doubleday and Company, INC. 2002.

Klein, Gary and Eduardo Salas. Linking Expertise and Naturalistic Decision Making. Mahwah, NJ: Lawrence Erlbaum Assoc. 2001.

(21) Hayes, Richard, and Sue Iwanski. "Analyzing Effects Based Operations（EBO）Workshop Summary." Phalanx. Alexandria, VA: MORS. March 2002. Vol 35, No 1. p. 1.

(22) U.S. Army Research Institute for the Behavioral and Social Sciences. The Army Command and Control

Evaluation System Documentation. Fort Leavenworth Research Unit. 1995.

(23) Dixon, Norman F. On the Psychology of Military Incompetence. New York: Basic Books. 1976.
Ally & Bacon/Longman にて提示されているように、「集団思考」とは集団による不完全な意思決定の事を意味する概念である。集団思考を経験している集団は、すべての選択肢を考慮せず、決定品質の犠牲をはらっても全会一致の採決を望むものだ。
Janis, Irving. Groupthink: Psychological Studies of Policy Decisions and Fiascoes. Boston, MA: Houghton Mifflin College. 1982.

(24) Kalat, J. W. Biological Psychology (6th ed.). Pacific Grove, CA: Brooks/Cole. 1998.
Miller, G.A. "The magical number seven, plus or minus two: Some limits on our capacity for processing information." *The Psychological Review.* Vol. 63. 1956. pp. 81–97.

(25) *Report of the DoD Commission on Beirut International Airport Terrorist Act, October 23, 1983.* The Long Commission Report. 1983.
"Who is to Blame for the Bombing" New York Times. Aug. 11, 1985.
http://www.ibiblio.org/hyperwar/AMH/XX/MidEast/Lebanon-1982-1984/DOD-Report/index.html (Feb 1, 2003)

(26) Bowden, Mark. Black Hawk Down: A Story of Modern War. New York, NY: Penguin. 2000.
Somalia Inquiry Report. Department of National Defence, CA. 1997.
http://www.dnd.ca/somalia/somaliae.htm (Feb 1, 2003)

（27）「アメリカ軍相手の作戦計画で一番の難事は彼らが自分自身の行動原則を知らず、仮に知っているとしてもそれに従わなければならないという義務感を持ち合わせていないことだ」―セルゲイ・ゴルシュコフ（ロシア「ブルーウォーター海軍の父」）

（28）ダーウィン進化論は種のうちの一個体の環境への適合に関するものである。最も生存に適しており適応力を持つものが長期的には環境を支配する。我々がここで使う用語は意図的変革を含むものである。

（29）Alberts, Command Arrangements.

（30）Olmstead, J.A., M.J. Baranick and B.L. Elder. Research on Training for Brigade Command Groups: Factors Contributing to Unit Combat Readiness（Technical Report TR-78-A18）. Alexandria, VA: U.S. Army Research Institute. 1978.

（31）Hayes, Richard E., Mark Hainline, Conrad Strack, and Daniel Bucioni. Theater Headquarters Effectiveness: It's Measurement and Relationship to Size Structure, Functions, and Linkage. McLean, VA: Defense Systems, Inc. 1983.

Defense Systems, Inc. Headquarters Effectiveness Program Summary Task 002. Arlington, VA: C3 Architecture and Mission Analysis, Planning and Systems Integration Directorate, Defense Communications Agency. 1983.

（32）ＪＯ９９及びＳＣＵＤの回収に効果をおさめた組織変革では、二つのグループがそれぞれに効果的な手段を発見している。従って、単一の正解というものはない。

（33） Wykoff, Maj Michael D. “Shrinking the JTF Staff: Can We Reduce the Footprint Ashore” Fort Leavenworth, KS.: School of Advanced Military Studies, Command and General Staff College. 1996.
Rinaldo, Richard. “Peace Operations: Perceptions.” A Common Perspective. Joint War ghting Center. Vol 7, No 2. 1999.

（34） アメリカ下院軍事委員会における、総合戦力軍司令官エドムンド・Ｐ・ジャンバスチァーニ海軍大佐の証言（12nd, March, 2003）
http://www.jfcom.mil/newslink/storyarchive/2003/pa031203.htm.（Apr 1, 2003）

（35） 「砂漠の嵐」作戦中には合計76台の米軍Ｍ１Ａ１戦車が海兵隊第二戦車大隊及び第四戦車大隊の一部で使われた。
http://www.hqmc.usmc.mil/factfile.nsf/7e931335d515626a8525628100676e0c/9e6cdb7ba648f1388525627b0065de66?OpenDocument（Feb 1, 2003）

（36） Wall, Toby D., Paul R. Jackson, Sean Mullarkey, and Sharon K Parker. “The demands-control model of job strain: A more speciffic test.” Leicester, UK: Journal of Occupational and Organizational Psychology. June 1996.
Rettinger, David A., and Reid Hastie. “Content effects on decision making.” *Organizational Behavior and Human Decision Processes*. New York. Jul 2001.

第9章　パワーとエッジ

本章では、情報化時代の組織の考え方である「パワートゥザエッジ（PTE）」の基本的な概念を導入する。PTEの考え方を指揮統制およびその情報基盤(1)に適用したとき、軍事組織は工業化時代の欠点を克服し、成功に必要な相互運用性および俊敏性を得ることができる。まず、組織の中でパワーを構成するものが何か、そして従来の階層構造でパワーがどの部分に与えられているかを考える。次に「組織のエッジ」という概念を導入し、組織内でパワーが伝達されるトポロジーとの関連を観察する。軍事組織における「パワー」および「エッジ」の概念を軍事組織の文脈で定義することができれば、二十一世紀の課題となる指揮および統制の新しいあり方を論じる上で、基本となる要素が導入できると考えられるからである。

パワー

辞書で(2)「power（=力）」という単語には非常に長い定義がされているが、これは力や「○○力」という言葉が様々な分野で固有の意味を持っていることによる。物理、情報、社会、政治、経済、そしてもちろん軍事においても「パワー」という言葉が使われる。パワーの概念は、人、チーム、組織、連携、国、機械、また燃料や情報といった富をもたらす対象物にも用いられる。

物理学でのパワーは物体を動かすものであり、電磁気学では電圧が電流を起こす。社会および政治の分野では影響力を意味する。経済における力は財を創出する力だが、軍事では多くの場合、選択的破壊を伴う。これら「パワー」に共通する概念は、一定の抵抗力に逆らいながら達成する事物の量である。

パワーは「他人に影響を与えて、それを持つ者が望むように信じさせたり、行動させたり、価値を評価させるか、または現在信じていること、行動、評価を補強するもの(3)」とも定義される。社会科学の分野でのパワーは、他者を組織し動機付けを行うことによって、それを持つ者の望む結果を達成する能力を意味する。組織の中には、個人、または個人の集団が影響力、企画力、処遇、および課題達成力など様々な側面をもった「パワー」がある。

まず第一に、パワーとは何かを引き起こす能力である。パワーの量はベクトルで表現される。その成分は①達成量、②抵抗量、③所要時間である。

パワーには種々の発生源がある。例えば、財、専門性、委任（選挙で選ばれた代表への権限委譲など）、そしてもちろん情報がある。

パワーの行使に必要な二つの基本条件は、手段と機会である。ある個人にとって可能な手段は、必ずしも組織の全員にとって可能とは限らない。実際、組織を機能別に特化させていくことは、すなわち手段の割り当てとなる。通常、手段の割り当ては資源の割り当てによって実現される。多くの場合、人や物、または組織をしかるべく編成することなどが必要な手段として考えられる。情報に関していえば、必要なのはアクセスである。複数のソースからの情報に対して、複数の観点、複数の専門能力家らによる分析が必要となる。機会は、行動する権限および状況によって生み出される。多くの状況は日まぐるしく動いており、関係者は個人行動にしろ、共同での行動にしろ、決められた期限内に実行しなければならない。このことから、パワーは少なくとも部分的には委任によって与え得るとも言える。

組織自体がパワー、すなわち組織力を行使する方法は、組織が保有する手段の総和や入手可能な情報と同様、その組織のまとまり方に左右される。

工業化時代の軍事「力」

軍事プラットフォームが軍事力を象徴するようになって久しい。この認識は工業化時代のものだが、プラットフォームの相対的な価値が急速に低下している今日でも残っている。「The NCW Report to Congress」の結論によると、「将来、ネットワークは戦闘能力に寄与する最重要事項となる」とある。[4] この結論の背景には、現在も進行中の安全保障革命（Revolution in Security Affairs、RSA）および軍事革命（Revolution in Military Affairs[5]、RMA）が引き起こしている根本的な変化がある。

安全保障革命とは、大量殺傷や大量破壊を引き起こす能力を実際に使えるような状況が少なくなっていくことである。特に非戦闘員に多数の被害が発生する場合には使うことができない。しかしながら、正確なパワーを正確に行使して、敵対戦力を破壊または無効化し、計画を阻止することは、今日でも重要である。また、軍事作戦を遂行するには、物理的なパワーとは無関係な様々な能力が必要とされる。現在のパワーの象徴はプラットフォームである。これは、巨大かつ高価で、火力、生存率、機動性を最大化し、敵対勢力の戦力を消耗させることを目的としている。これらは不正確な道具でもある。無差別的破壊につながるため、多くの状況では政治的な理由から使えなくなる。大規模で有人であるため、十分に保護する必要がある。これらのことにより、行動に必要な面積とリスクが増大するため、①それ自身が攻撃の対象になりうる、または②無関係の者が被害を受けた場合には自分達の試みが非難される、という状況下では使用しにくくなる。また、リスクを軽減するために、まず「戦場に事前処理を施す」ことが必要な場合もある。例えば、ある航空兵器を使用する前には、敵防空網制圧（Suppression of Enemy Air Defense[6]、ＳＥＡＤ）を行う。これには時間と費用がかかり、機会を失うこともある。敵も同じことに気づいているので、これら工業化時代の残滓は時とともに価値を失っていくだろう。

情報化時代のプラットフォーム

幸い、プラットフォームの目的および物理的な特性には、根本的な変革が始まっている。かつてプラットフォームは固有の情報のみに頼っていたが、今日では目標の優先度判断や情報の入手にネットワークを活用している。第一次湾岸戦争（一九九一）では航空機の目標の割り当ては出発前に行われていたが、第二次湾岸戦争（二〇〇三）ではリアルタイムに目標の情報を入手できるようになった。このため、俊敏性が向上している。

将来、プラットフォームはネットワークの（独立した）構成要素から（ネットに接続した）ノードへと進化し、狼や昆虫の大群のように組織化された行動ができるようになるだろう(7)。変革が達成されれば、昔（時間でなく世代が離れていること）の姿とは違ったものとなり、その結果、プラットフォームの概念自体が意味を持たなくなり、新しい姿がそれに代わることとなる。変革を重ねた結果、多数の小さく、低能力で、安価な構成要素が、状況に応じて様々に形を変えるようになる。これらは動物や昆虫の集団のように動的に再構成しながら、人体の細胞のように一体となって活動する組織になるであろう。その結果、状況判断力と成果の精度を大きく向上させることができる。これらプラットフォームは、「機械的」なものから「有機的」なものへと変化し、「設計」よりも「成長」へ重きがおかれるようになる。

今日まで何年もの間、プラットフォームの象徴としての価値ゆえに、我々は軍事組織でのパワーの意味を再検証する必要性を直視せずにいた。しかしＮＣＷ（ネットワークセントリック的戦争）がこの状況を変えるきっかけとなったのである。ネットワークを構成するノードでなくネットワーク自体のパワーを前面に出したことにより、ＮＣＷは軍事組織におけるパワーの概念を再検証しはじめた。ＮＣＷの威力によって、パワーをエッジに移動させるという動きが注目された。これはＮＣＷの成熟のために必要なことである。そういった意味でＰＴＥは、ＮＣＷが最大限の能力を発揮するために適用すべき原理と言える。

	手段	機会
物理	固有の資源	適正な行動 適時に適正な配置
情報	固有の情報	適時に適正な情報
認識	知識と能力	適時に適正な理解
社会	情報の取得 指揮権	適切な交戦規定と適時の連携 適時に指揮の意図を適正に伝達

図23　パワーの発生源と各分野における役割

新しい手段と機会

プラットフォームに由来するパワー（火力）は手段を表し、その機動性は機会を表す。手段と機会の検討は、ごく最近まで物理領域のみに限られていた。しかしながら、NCWの概念構成に現れる他の三つの領域（情報領域、認知領域、社会領域）の各々においても、パワーは固有の意味を持つ。図23は、パワーの発生源と四つの領域の関係を示したものである。

軍の組織構成要素の中でこれらのパワーの発生源が存在する範囲は、任務能力パッケージ（MCP）[8]の各方面の特性によって変化する。例えば、MCPの物質面の特性では入手可能な資源の性質を、組織の特性では資源割り当ての方法が決定される。また、システムの特性はどのような情報を処理し交換するかを決める。その一方で、軍事行動原則に従って情報へのアクセス、実際の情報の流れ、および情報主体間の相互作用の性質を規定する。教育・訓練は、組織内の者がどのような知識と能力を持つかを規定する。指揮統制の形態は、指揮権の所在と統制の方法を決定する。

「適時の適正な配置」が意味するものは、人がある場所へ時間内に到達するための装備上の機能だけではない。どこに、いつまでに、という情報を知っていること、および自分をそこに移動させる権限を持っていることも同様に重要である。特に、これには機会を創出し、戦闘スタイルを構築できることも含まれる。「適時における適正な情報」を得られるかどうかは、情報の入手可能性、ネットワークのトポロジーおよび性能、情報管理能力、そして情報伝達の方針によって決まる。

入手可能な情報から正しい推論を行うことは、前提知識と専門性に依存している。知識と専門性は、状況把握を確立する過程に組織の誰がかかわるかに依存する。行動する手段を持っている組織や人々であっても、その行動を実行する権限がなければならない。したがって、許容範囲のある交戦規則と適切なパートナーが必要となる。

何かを引き起こすものとしてのパワーが発揮されるためには、複数の領域を横断する複数の要素を統合する必要がある。これらの要素は無形である（例えば個人、集団、組織、事業体、組織連合などがいかに情報を有効に活用するか、命令がいかに与えられるか、いかに統制するかなど）。従って、実体を伴う物質面の能力（パワーの有形の発生源）が同じでも、これらの無形の要素（例えば、組織の方針や採用する業務プロセスなど）によって、組織が発揮するパワーの程度は大きく変化する。

情報化時代のパワーの性質

情報化時代において、本書で定義したパワーは、通常の物資のように追加のために多くの費用を要するものと、情報のように複製可能でコストもあまりかからないものと両方の性質を持っている。複製のコストがマイナスの場合さえある。パワーが有形の人や機械、消耗品などから発生する場合、それは旧来の物資と同様の挙動を示す。しかし、無形のパワーの発生源がその中に混じった場合、その挙動は情報（これもまた力の無形の発生源である）に近い。情報の経済における変革は情報化時代を引き起こしたが、新しいＰＴＥの原理をもたらしたのである。

このことは、資源をさほど追加使用せずに組織のパワーを増加させ得ることを意味する。指揮、統制、組織、訓練、装備および戦闘の方法を変えるだけで、組織のパワーは増大する。ＰＴＥは、エッジの主体に強いパワーを持たせることと、独自の権限を持った組織の割合を増やすことにより、組織やシステムのパワーを増大させることができる。これらは、組織内の構成要素が活用可能な手段と、あるいはその機会を増やすことで達成される。

組織のパワーは、そのメンバーの持つパワー[9]とそれぞれのメンバーのパワーの相互作用[10]によって決定される。組織のＭＣＰを列挙することによって、潜在的なパワーが明らかとなる。ＭＣＰを集約し、配備し、適応させる能力が組織のパワーを決定する。従って、組織のパワーは属している個人のパワーの合計よりも大きくなる。個人のパワーは方程式の独立変数の一つに過ぎない。つまり、組織のパワーを最大化する鍵は、構成するパーツのパワーをいかにシナジーによって最大化するかである。これは、ＮＣＷが自己同期の能力を強調する背景にある論理である。

エッジ

一般的な用法では、「エッジ」は刃物の刃の部分や音声の鋭さ、極端な部分、何かの縁、優位な立場、あるいは境界などを意味する。境界は、トポロジーを議論する中でのみ意味を持つ。トポロジーは、その空間内での構成要素の分布や位置によって決まる。従って、エッジの意味は当該組織のトポロジーに左右される。工業化時代の組織においては、エッジにあるということは、①中心から遠いところにあること、「槍の尖端」、②最下位であること、③顧客との接点にあること、などを意味する。

①〜③の最初の二つはパワーが無いことに関係するが、③は何かを起こす能力を示している。しばしば「槍の尖端」という表現は、重要な任務（ライン業務）を支援任務や間接的な任務から区別することにも用いられる。しかし、すべての任務が一つの作戦に統合される場合、もはやこの区別に意味はない。例えば、これまでの解釈では情報・分析といった役割は槍の尖端とはみなされなかった。しかし今では、これらの活動でリアルタイムに座標などの情報を提供することが、砲撃を標的に誘導するために直接貢献する場合もある。このような場合、情報は文字通り「槍の尖端」となる。

階級と権限でトポロジーが決まるような階層的組織では、トップに立つものが中心部分で、底辺の部分がエッジに相当する。さらにこのような組織では、大部分を中間層が占めている。トップにある者は指揮権を持ち、組織に指令を与え、資源を割り当て、処遇の仕組みを掌握する。情報はパワーの軸に沿って上層から底辺に向けて垂直に流れる。同様に、底辺で集められた情報は下から上に流れ、指令は上から下に垂直に流れる。組織内でトップ層による統制の実務的限界を越えたところを管理するためには、中間層が必要である。中間層は双方向の情報の流れを媒介し、解釈する役割を有し、また権限を委任する。トップが指揮し、中間層が統制するという見方も成り立つ。

しかしながら、階層構造の組織はほとんどの場合、一枚岩とならない。階層構造は専門性による縦割りで分断され、それぞれの領域が個別に構成されるため、緊密な一体化が難しくなる。組織の縦割り構造を生成し、特化し、固定化するのは、次のような要因である。①上方向のコミュニケーションの個別の流れおよび下方向の指令の伝達の流れ、②忠誠心が局所的に留まる傾向、③情報を広範囲に配布したり、直接のやりとりを可能とするようなシステムがないこと。その結果、唯一の中心ではなく幾つかの中心の緩やかな連携の状態となり、それにしたがって複数のエッジが現れる。縦割り構造は情報の流れを阻害し、指令が行きわたるのを妨害し、さらに資産の活用を制限する。つまり、縦割り構造の中で部分最適化が起こる。最悪の場合、縦割り構造によって組織内の各部分に文化の違いや軋轢が生まれる。

組織のパフォーマンスの改善に関心がある上級管理者は、組織内の構成要素同士の相互のコミュニケーション、相互運用性、協働作業を推進する方法を模索してきた。しかしながらこの試みは、組織の構造や文化の違いのためにうまくいかないことが知られている。パフォーマンスの改善はほとんど個人の努力によるところが大きく、しかも長続きはしないことが多い。

工業化時代では確かに縦割り構造が必要だった。なぜなら当時の情報は非常に高価で、情報を広範囲に広めたり直接やりとりすることはほとんど不可能だったからである。情報ネットワークの出現により、情報の経済は状況が変化した。上級管理職は、情報共有と協働作業を阻害する大きな障害を取り除くことができるようになった。頑健でユビキタスなネットワークにより組織内部の軋轢の原因が取り除かれ、システムの接続性、相互運用性が保たれるようになった。これにより、縦割り構造は不要となったのである。

これはまさに幸運だった。安全保障を取り巻く環境が本質的に変化し、とりわけ戦闘以外での連携を求められる任務の重要性が高まることにより、軍事組織が直面する問題および遂行される任務の性質が複雑になり、迅速な対応が求められるようになっていたからである。情報の流れが制限される中ではタイムリーに状況の把握を行うことができなくなり、指令の伝達および資産の活用が制限される中では的確かつ迅速な対応が困難になる。しばしば壊滅的な失敗の結果、縦割り構造がかえって事態を悪化させる効果を有することが明らかとなる。今指摘したところで後の祭りだが、二〇〇一年九月十一日の悲劇を予測し回避できなかった原因は、まさに警察と（CIAを中心とする）情報コミュニティとの間に存在していた縦割り構造により情報共有と協業が阻まれていたことにあった。[11] その後、中央集権化による解決を提案する声もあったが、それでは成功しないだろう。個人同士、組織同士が確実に情報を共有する唯一の道は、「パワー」をエッジに委譲することである。

縦割り構造はすでに不要となったとはいえ、やはり固執する者は出てくるだろう。これは主として、組織や文化に残る前時代の残滓によるものである。我々の主張する概念が成功することは、豊富な事例によって裏付けられている。情報化時代の技術が組織のフラット化を推進し、仮想的な組織を生み出した。組織内の関係は一変し、組織と組織、人と人、そして組織と人の関係、ひいては競争関係にある組織の間の関係でさえも別の意味をもつようになり、新たなビジネスモデルが萌芽している。[12] 階層構造は階級とパワーによって決定されるトポロジーで、規模は小さいが大きな「パワー」を持った中心があり、指令を作戦の実行に移し、統制をつかさどる大規模な中間層があり、底辺は非常に限られた手段と機会（すなわち「パワー」）しか与えられない。

いまや軍事の世界でも、旧来の階層構造は唯一の選択肢ではなくなってきている。情報に関するパワーの前提が変わることによって、新しい「エッジ型組織」が実現される。「エッジ型組織」の特徴は、広い範囲における情報共有とピア・ツー・ピアの関係である。「エッジ型組織」は、伝統的な組織とはまったく異なるトポロジーを持っている。「エッジ型組織」では、仮想的に全員がエッジに存在して、それぞれに「パワー」が与えられる。ライン組織と支援組織の間の境界は存在せず、縦割り構造も消滅する。中間層の情報伝達と解釈の機能はほとんど必要なくなり、規模も小さくなる。縦割り構造と中間層の解体によって、情報共有と協働作業を困難にする障壁も無くなる。

社会経済用語で言うと、階層構造は社会主義で、「エッジ型組織」は市場経済である。エッジ型組織の特徴が協調的かつ包含的であるのに対し、階層型組織は権威的で排他的である。「エッジ型組織」では、すべての構成要素に情報が与えられ、当然の行動をとる自由も与えられる。これはいわば、指揮統制におけるＰＴＥが実現された組織である。

■ノート

（1）米国防総省では、この情報インフラは「Global Information Grid」と呼ばれる。このシステムのポリシー、プロトコル、手順及びアーキテクチャは本書の後段に述べる。

（2）Gove, Philip Babcock, ed. *Webster's Third New International Dictionary*. Springfield, MA: Merriam-Webster, Inc. January 2002.

（3）Petress, Ken. *Power: Definition, Typology, Description, Examples, and Implications*. http://www.umpi.maine.edu/ petress/power.pdf.（Feb 1, 2003）

（4）*Network Centric Warfare Department of Defense Report to Congress*. July 2001. Executive Summary, p. vii.

（5）Hundley, Richard O. *Past Revolutions, Future Transformations: What Can the History of Revolutions in Military Affairs Tell Us About Transforming the U.S. Military?* Santa Monica, CA: RAND. 1999.

（6）Suppression of Enemy Air Defenses.

（7）Peterson, Rolf O., Amy K. Jacobs, Thomas D. Drummer, L. David Mech, and Douglas W. Smith. "Leadership behavior in relation to dominance and reproductive status in gray wolves, Canis lupus." *Canadian Journal of Zoology*. Ottawa, CAN: NRC Research Press. Aug 2002. http://canis.tamu.edu/wfscCourses/Examples/RefWolf.html.（May 1, 2003）

（8） Mission Capability Package（MCP）. *Network Centric Warfare Department of Defense Report to Congress*. 2001. http://www.c3i.osd.mil/NCW/ncw_sense.pdf. pp. 18–19.（Feb 1, 2003）

（9） このとき発生する相互作用の性質は、現在ＡＳＤ（ＮＩＩ）とフォーストランスフォーメーション局が協働出資している研究テーマで開発中の概念モデルで主要な部分をなす。この問題については第3章でさらに詳しく論じている。

（10） この箇所に続く議論は下記から抜粋したものである：Leavitt, Harold J. and Homa Bahrami, *Managerial Psychology: Managing Behavior in Organizations*. Chicago, IL: University of Chicago Press. 1988. pp. 208–216.

（11） Press Release by U.S. Senator Chuck Schumer. *Poor Communication Between FBI and Local Law Enforcement Threatens Public Safety*. Dec 11, 2001.
http://www.senate.gov/~schumer/SchumerWebsite/pressroom/press_releases/PR00758.html.（Apr 1, 2003）
U.S. Conference of Mayors. *Status Report on Federal-Local Homeland Security Partnership*. September 2, 2002.
http://www.usmayors.org/USCM/news/press_releases/documents/911_090902.asp.（Apr 1, 2003）

（12） Bakel, Rogier van. “Origin's Original.” *Wired*. New York, NY: Wired News. Issue 4.11. 1996.

第10章　パワートゥザエッジ（ＰＴＥ）

前章までで、パワートゥザエッジ（ＰＴＥ）のコンセプトの議論に必要な要素はすべて説明してきた。その内容は、有史以来および工業化社会の指揮統制、情報化社会を定義する能力、情報化社会の軍が必要とする能力、そして軍事行動の文脈におけるパワーとエッジの意味などである。

ＰＴＥは新しい思考方法、任務遂行の新しいアプローチを説明したものである。この概念は組織設計、指揮命令へのアプローチを開発することに適用可能で、システムアーキテクチャに実装されている。ＰＴＥはまた、軍事任務において責任と資源を（適切に）配分するための構築原理でもある。ＰＴＥを理解すれば、望ましい行動と望ましくない行動を区別できるようになる。これは、様々な教育とトレーニングの基礎となる。ＭＣＰのデザインとマネジメントに対して十分に適用されれば、ＮＣＷ主義が体現される。組織とそのプロセスに適用されれば、エッジ型組織になる。システムアーキテクチャに適用されれば、国防総省のグローバルインフォメーショングリッド（ＧＩＧ）の特徴を備えたエッジ情報構造ができあがる。

組織の指揮・命令、主義、トレーニング、そしてアーキテクチャ上でＰＴＥを実現することが、入手可能なあらゆる情報と資産を用いて目標を達成するために必要となる。情報化時代の軍隊の強大な潜在力を発揮できるような協同的なパッケージへと進化できるように、ＭＣＰの各構成要素はＰＴＥの考え方に基づいてコンセプトを作り直す必要がある。それは、新しいＭＣＰを作り出すだけではない。むしろそれ自体は、俊敏な組織を作り、維持することの出発点でしかない。目的は、特定の状況で特定の任務を上手く遂行することではなく、俊敏な組織を作ることである。

ＰＴＥには、文化を根本的に変えることが含まれる。文化とは価値の提案と行動であり、誰に、そして何に価値があるのか、何が適切な行動を構成するのかということである。ＰＴＥは、我々の実体、望ましい行動、相互作用に対するわれわれの思考の変化を含むものであり、最終的には、これは自己と他者、自己と組織の関係の再定義となる。従って我々がＰＴＥに移行するためには、我々は組織図を引き直すだけでなく、一体何に価値があるのかについて個人の思考と行動の方法を変えることが必要となる。我々は、組織が動機付けられ、導かれる方法について再考しなければならない。我々は、プロセスとプロセスをサポートするシステムを改革する必要がある。そして我々は再教育・再訓練を受ける必要がある。

次章以降では、ＰＴＥに移行するためにいかなる組織、指揮、命令、プロセス、システム、教育およびトレーニングが必要かについて、順に述べる。

エッジ型組織

当然のことながら、組織が取りうる構造形態はたくさんある。時間という試練を経て生き残った組

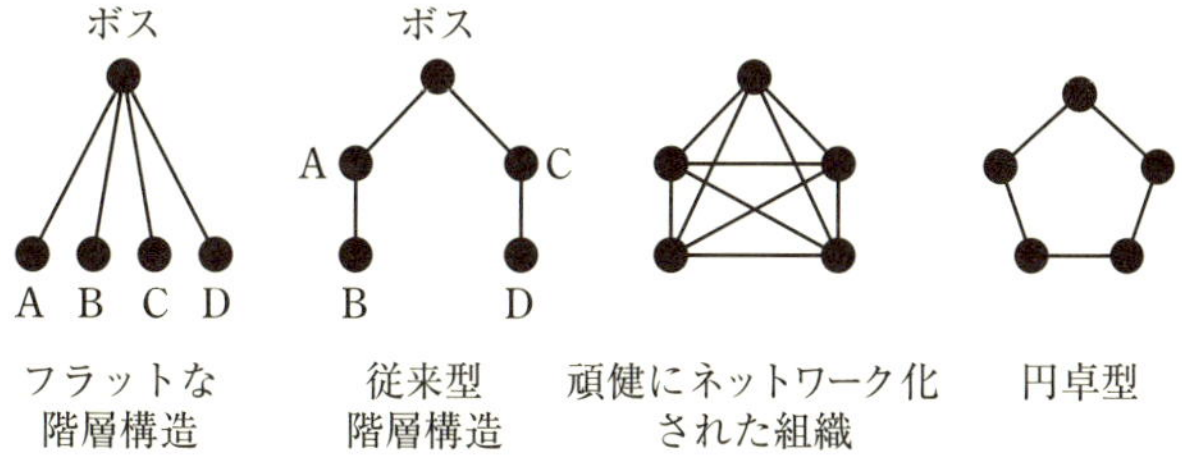

図24　4種類のネットワーク構造

織は皆、目標の性質によって規定される目的や条件、果たすべき任務の性質および環境など、全体によく適合している。旧来の軍隊組織は、線形な戦場で敵と相対する戦いに適した階層構造をとっていた。軍事組織はゲリラやテロリストのような対面しない敵に対処するのが困難だということ、また予測不能な戦場で活動するのが難しいということを歴史から学んできた。

前に議論したように、軍隊組織は指揮命令に対して異なるアプローチを進めることによって状況や環境に適応してきた。その結果、組織は様々なパワートポロジーを取るようになったが、適合するための活動は利用可能な技術、既存の文化、階層的構造の制約を受けてきた[1]。

組織構造を定義する方法の一つは、組織内の人員間で発生する相互の対話の特徴[2]を規定することである。組織の構成員の相互関係はネットワークにおけるリンクを形成し、その集まりがトポロジーを定義する。異なる特徴のネットワーク（ノードとリンク）は、ネットワークの特徴を受け継いだ異なる組織構造と一致する。それが、組織構造および継承した特徴に対する構成員のコミュニケーションネットワークである。どのように組織が機能するかは、結合があるか否か、それらの結合がどう使われるかに影響される。図24は、五つのノードがネットワークによって結ばれる四通りの方法を示している。①と②にはボスが存在する。ネットワーク①はフラット化された階層で、一方のネットワーク②は伝統的な階層を示している。ネットワーク③は、強固にネットワーク化された組織である。ネットワーク④は円卓型組織である。

組織の構造とパワーの関係

与えられた組織構造（相互関係のトポロジー）が適切かどうかは、組織に課せられた負荷の性質に依存する。どのように構造、負荷、パフォーマンスが関係しているかを理解するには、すべての組織が達成すべき鍵となる仕事、意味のある仕事を実行する組織の能力を試してみることから始まる。最初のステップは、組織の構造が単一の、比較的単純な作業の反復を成し遂げる能力にどのように影響するかを把握することである。次のステップは、作業内容を変え、どのように組織が学習するかを見ることである。これは複雑性の側面を与えることである。単一の仕事で組織構造とパフォーマンスを試した後、多くの仕事を同時に動的な環境で実行する必要がある組織へと議論を拡張する。

組織構造がその状況理解力に与える影響に関する研究例は多い(3)。特徴的で興味深い一連のある実験は、レヴィットとバーラミによって行われた(4)。彼らは、図24に示したような伝統的な階層型組織と円卓型組織の二つの方式において、個々人からなる集団が関わる問題解決能力を見い出そうとした。彼らが提示した特徴的な質問は、「コミュニケーションネットワークはパフォーマンスの効率性とメンバーの士気に対してどのように作用するか」ということだった。この実験で彼らは、伝統的な階層型組織と円卓型組織の構造を比較した。いずれの組織も、各メンバーが情報を出し合わないと解けないような問題を与えられた。それによって、情報共有の方法および意思決定の方法の両方が、パフォーマンスに決定的な影響を与えるという仮説が立てられた。

レヴィットとバーラミは以下の結果を報告している。

① スピード：伝統的な組織が最も高速だった。
② 士気：円卓型組織のメンバーは平均して高い士気を持っていた。伝統的階層型組織ではたった一人、ボスだけが高い士気を持っていた。
③ リーダーシップ：円卓型組織においては、異なるメンバーが異なるときに指導した。
④ 学習：円卓型組織の方が早く学習した。

これらの実験結果には様々な解釈の余地があるのは確かである。しかし伝統的な階層型組織は、結局、士気の有無が問題にならないような安定した（または単純な）状況に適していることは明白だろう。円卓型組織は、学習を必要とするより複雑（動的）な状況に適していると言える。注目すべきは、二つのネットワーク形態のうち一つを選ぶには、パフォーマンスと耐久性（永続性）、スピードと弾力性のどちらを取るかを考えなければならないことである（ネットワークの形態という形の違いが、能力と永続性、適応力とスピード、などの機能上の特徴に現れるのは興味深い）。

固定したリーダーシップと創発的なリーダーシップ

特定の人をボスに指名した組織（階層型組織）と指名しなかった組織（円卓型組織）を比較した実

験がある。レヴィットによる初期の研究[5]は、近年、話題となっているフラットな組織と、伝統的な階層を持つ組織とを扱っているが、特定の個人をボスに任命してはいなかった。彼は「中心にいること」が行動に関係し、中心に位置する個人、すなわち他者との接点が最も多く、情報に最も多くアクセスする者が自然にリーダーになるという仮説を立てた。実験したところ、その通りの結果となった。

この結果は、NCWにとって非常に重要な意味を持つ。これは、なぜネットワークセントリック的組織が、危惧されたこととは反対に、目的や脈絡を失うことなく組織内で調和していけるかを説明するものである。その理由は、特定の時（や場所）、業務の内容に応じてリーダーが自然発生するからである。正確には、誰が引き受けるかは個人の特徴や状況によって異なる。最も良く適合し、良い位置にある個人または組織が当たることが（真の）実力主義といえる。

このような可変性は、組織の非階層的形態に起因するものと思われる。一方、階層型組織が固定化することを示す証拠もある。階層型組織の時代では、それらは柔軟ではなく非効率的で、脆弱な官僚制とよく結びつく特徴を備える傾向にあった[6]。

なぜ、エッジに力を与えることが多くの動的な環境における同時的な業務を取り扱うことの鍵となるかも説明する。力を与えられたエッジの組織を構成する個人と組織は、伝統的な階層型組織における力を与えられていない人員に比べて行動に対して広い「帯域」を持つからである。

しかしながら、伝統的階層型組織と円卓型組織の比較を通する実験の発見からは、パフォーマンスおよび耐久性か永続性か、またはスピードか適応性かの二者択一を迫られているかのように思われる。

幸い、両者は相互排他的ではない。いまや情報化社会の技術によって、強固でありながら組織の誰でもネットワーク上で第一（中心）の位置につけるような柔軟なネットワークを構成できる。この中では目前の業務、行動環境の特徴、個人のスキルと経験、それらの処置の目的に応じてメンバーの役割と責任を動的に調整できる。このいずれもが、（組織のエッジにいる個人へ権限を与えることによって）士気と適応力を高める。適応力の概念（組織と仕事の過程における変化）は、俊敏性の重要な要素である。しかしこれは、複雑性、分業、調停、専門化、最適化を志向する工業化時代のソリューションとはまったく逆である。

重要な軍事行動ならば、時間的制約の下で達成しなければならない業務が多いだろう。これらの行動の成功は、多くの割合で、①どのくらい各業務がうまくいったのか、②どのくらい業務同士が協調していたのか、の両方に依存する。締切を提示されることによって、組織は複数の業務を同時進行でこなすことを強いられる。これらを成功させるには、その業務を課された個人および組織が、他に何か業務遂行に関わる環境の見方に影響を与えるようなことがあるかという情報も含め、適切な手段を与えられることが必要である。業務遂行者はまた、適切な専門性、ツール、資源などを与えられる必要がある。

しかしながら、ネットワークトポロジーだけで望む結果をもたらすことはできない。それのみでは生産的な自己同期化を達成するために必要な状況を作り出すことができないからである。パッケージを完成するには、頑健に結合されたネットワークトポロジーによって得られた能力をフルに活用できるような指揮命令へのアプローチを開発することが必要である。

エッジ型情報基盤

情報は、情報化社会の組織の血液である。情報に関するポリシーと構造はトポロジーを規定し、この重要なリソースを送り込む組織の能力を決定する。国防総省は、グローバルインフォメーショングリッド（Global Information Grid、ＧＩＧ）という名の、ＰＴＥ原理によって発想され、ＰＴＥの哲学を反映したポリシーを伴う、情報化社会における情報インフラを普及させつつある。(7) ＧＩＧは情報理解能力を増強し、コラボレーションを支える安全な情報通信サービスを提供する。この両方が、高水準の共通理解および効果的な自己協調に必要な状況を作り出すためには不可欠である。(8)

ＧＩＧは通信システムとコンピューターシステムを安全かつスムーズに連結して統合したネットワーク構成要素により、様々な情報源と情報マネジメント資源へのアクセスを提供するが、次第にそれ自身も適応力を持っていくだろう。ＧＩＧの各構成要素は、ステータス情報を共有することによって利用者の要求に動的に反応し、かつ敵の攻撃などネットワークに加えられるストレスに適応できるようにする。これらの特徴を持っているので、ＧＩＧはいかなる規模の部隊構造も支援できるように、必要に応じてその大きさを変えることができる。さらに必要に応じて新しい処理、ネットワーク、通信技術などを取り入れることもできる。それゆえにＧＩＧは動的かつスケーラブル（その規模やリソース量を増やすことによって負荷増に対応できること）で、非常に俊敏な（通信）環境である。図25はＧＩＧの概念図である。

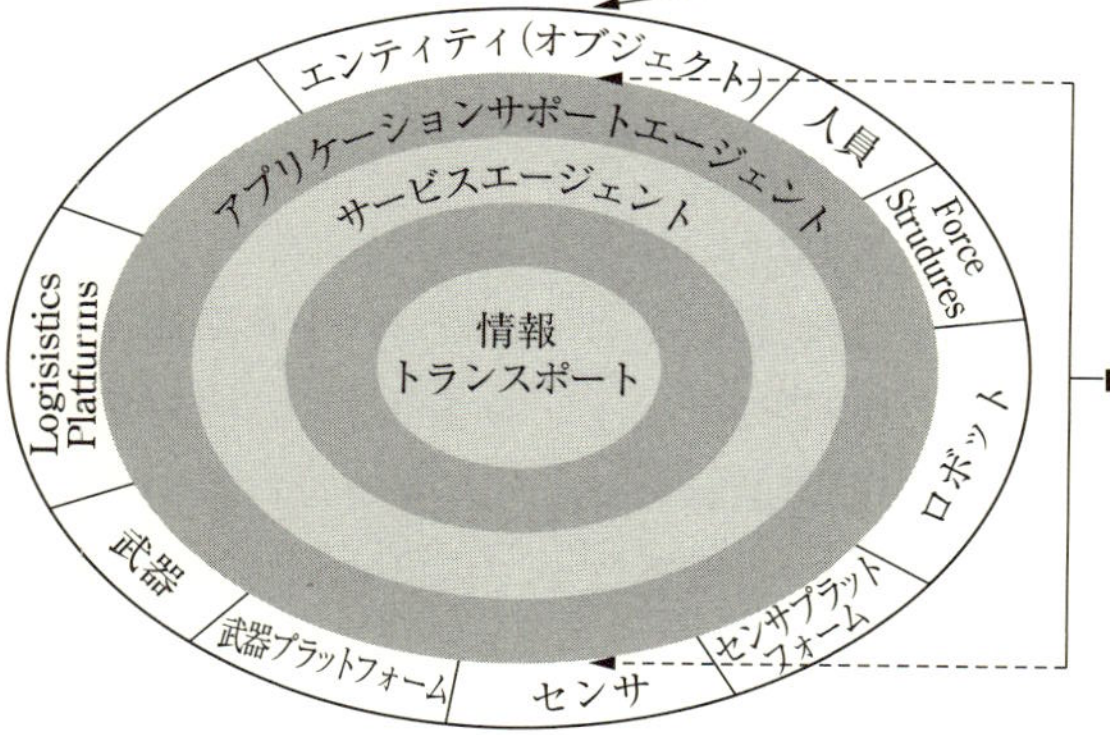

■エンティティ
・情報のソース及びユーザ
・多様な情報ニーズ
－タイプ，情報量，適時性
－ミッションや状況の関数として与えられる変位

■統合された情報インフラ（Ⅲ）機能別分業
・階層化された概念．各層の機能は：
－上層へのサービスを提供する
－下層からのサービスを受け取る
－動的にエンティティの情報ニーズに対応する
－互いに結合子，統合システムとして対応活動をする

■エージェント：自立的，目的指向的に活動し，移動可能なソフトウェアエンティティ．他のエンティティを生成し，ユーザの要求を代行してサービスや機能を提供する．

図25　グローバルインフォメーショングリッド－コンセプト図

ＧＩＧの構成要素

ＧＩＧはトランスポート層を経由して統合されており、パワー、環境、空間上の要求の変化に応じて、世界中のいかなるタイプのコンピュータをも参加させることのできる分散環境である。この分散環境は、情報を交換し、負荷を分散し、利用者の代わりに（かつユーザーに意識させずに）情報を連携して加工できる。ＧＩＧは「ネットワーク接続能力をあらかじめ有する」結合したすべての構成要素（ノード）に対して、情報と関連したサービスを可能にする。市場競争のメカニズムによって、利用者はいつでも、どこでも、どのようにでも、求める情報とサービスに間違いなくアクセスできるようになるだろう。

ＧＩＧのデータポリシーと実装

先に説明したように、必要な情報の幅広い共有を促進するには、利用者が収集または生成するすべての情報を、それを必要とする者が即座に利用できるように（ＧＩＧに対して）発信するよう、ポリシーで規定することをアメリカ国防総省では考えている。この情報を組織横断的に理解可能にするためには、発信された情報にそれらを簡単に説明し分類するためのデータ、すなわちメタデータを付加しなければならない。これは、利用者がその特定のニーズに対し何がより価値を有するかを迅速に特定できるようにするものである。すべての発信情報に対して最小限のメタデータセットを要求することによって、頑健なプロセスで組織横断的に検索可能となり、ＧＩＧで発生するすべての情報を提供可能にする。

最低限必要とされるメタデータのセットとは、情報源、情報の種類、想定される用途、系統、セキュリティ（階層）レベルなどのパラメーターを含む。

G－Gネットセントリックエンタープライズサービス（NCES）

図26は、GIGユーザサービスを示したものである。メタデータの発信、収集、そしてマネジメント能力は、情報構造のネットセントリックエンタープライズサービス（NCES）の一部として配置される。従って、GIGは以下のサービスを提供する。

① ある情報が利用可能であることを、通常経路および付加価値通信網を通じて他のメンバーに周知する機能。
② 利用者の仕事を補助するための情報の検索と特定を行うための探索機能。
③ 断片的なデータを翻訳、融合して、利用者のニーズに合った情報として成型するための仲介サービス。これらの情報サービスは、可視性と可用性を与える柔軟なアクセスコントロールメカニズムを備える（ただし明らかにセキュリティへの配慮の必要性がネットワークサービスに優先する場合は情報を隠蔽する）。

さらにユーザは、GIG上でサービスカタログを検索できるようになる。これらのカタログはサービスの能力、サービスを利用するために必要な入力、サービスの出力を記述する情報を含む。例えば、ユーザが情報を入手するために自らプログラムを書くのではなく、ミリタリーインテリジェンスデー

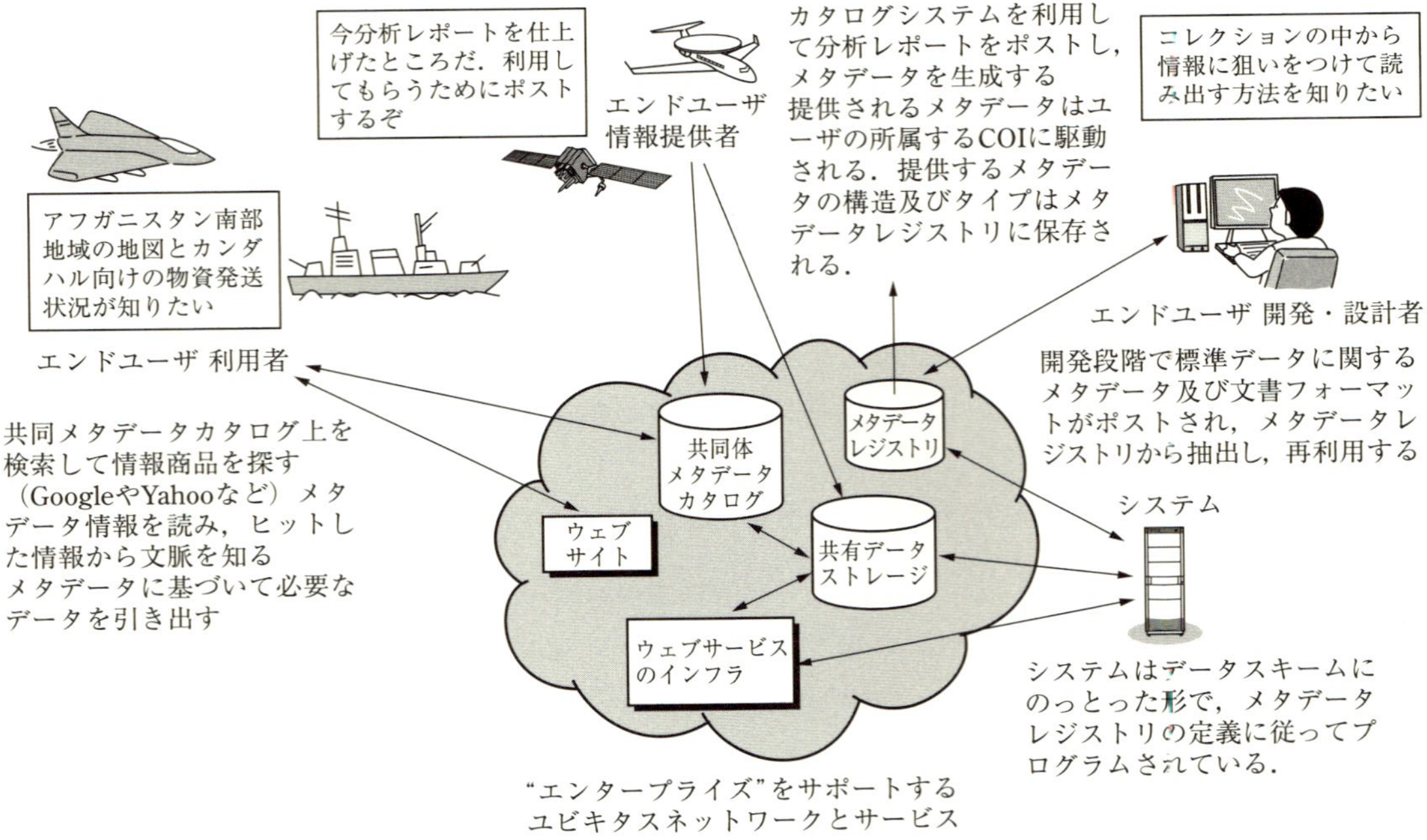
今分析レポートを仕上げたところだ．利用してもらうためにポストするぞ
エンドユーザ
情報提供者
カタログシステムを利用して分析レポートをポストし，メタデータを生成する
提供されるメタデータはユーザの所属するCOIに駆動される．提供するメタデータの構造及びタイプはメタデータレジストリに保存される．
コレクションの中から情報に狙いをつけて読み出す方法を知りたい
アフガニスタン南部地域の地図とカンダハル向けの物資発送状況が知りたい
エンドユーザ 利用者
エンドユーザ 開発・設計者
開発段階で標準データに関するメタデータ及び文書フォーマットがポストされ，メタデータレジストリから抽出し，再利用する
共同メタデータカタログ上を検索して情報商品を探す（GoogleやYahooなど）メタデータ情報を読み，ヒットした情報から文脈を知るメタデータに基づいて必要なデータを引き出す
共同体
メタデータ
カタログ
メタデータ
レジストリ
ウェブ
サイト
共有データ
ストレージ
ウェブサービス
のインフラ
システム
システムはデータスキームにのっとった形で，メタデータレジストリの定義に従ってプログラムされている．
“エンタープライズ”をサポートする
ユビキタスネットワークとサービス

図 26　GIG の提供するユーザサービス群

タベース（MIDB）などにクエリを送るだけで済むようなサービスが提供されている。

GIGエージェント

上記のようなGIGの「情報マーケットプレイス」は、個人であれ組織であれ、また人間以外のセンサや兵器システムに至るまで、様々なユーザのニーズに合わせて情報を加工できるエージェントベースのサービスを備えている。これらのソフトウェアエージェントは自律的、目標指向的で、（ネットワーク内を）自由に移動する。エージェントは利用者またはその集合体によって全般的なコントロールを受けており、他のソフトウェアエンティティを作り出すこともできる。これらのエージェントは情報を積極的に引き込み、メタデータとNCESを使ってユーザのために適切に情報をまとめる。それらは情報の融合やフィルタリングを行いながら右記の機能を果たし、かつ自動的に適切な情報を適切なユーザに、適時に[9]届ける。エージェントは自らユーザの状況と情報のニーズを知り、ユーザからの要求が無くともそれらのニーズに適合した情報を供給するように設計されているという意味で主体的な存在である。図27は、それらのエージェントの概念的な描写を規定する。

エージェントは、ユニット構成員が自分で生のデータを収集・変換して情報へ成型するのとまったく同じようにして判断の基となる情報を提供し、人員機能を増大する。従って、戦闘員とその支援者は機械的な繰り返し作業から開放され、本来の作戦行動に集中できるようになる。

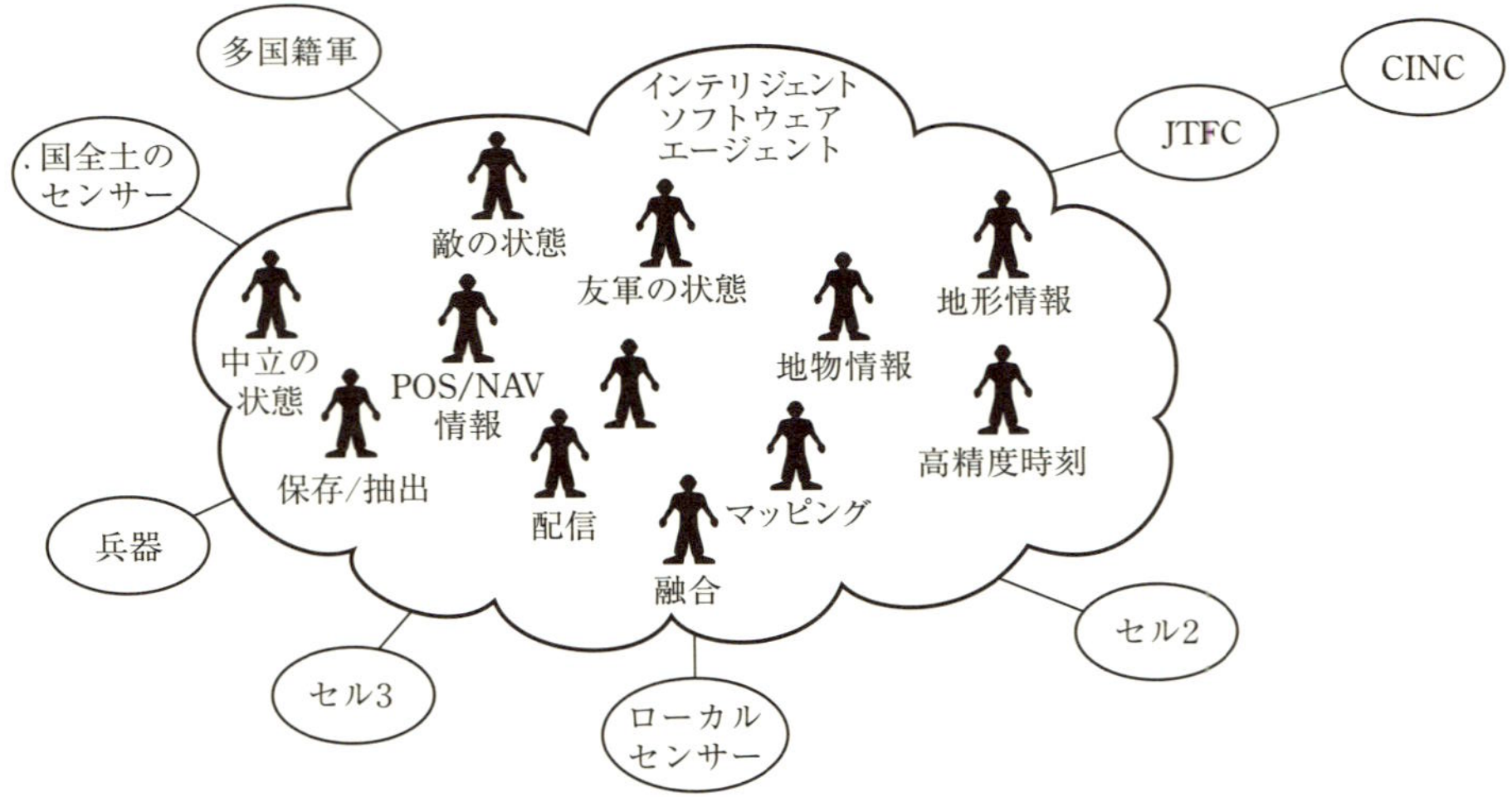

・インテリジェントソフトウェアエージェント
- ユーザ情報マネジメント機能の負担から開放する
- データの融合，情報保存，抽出，配信
- 情報を適時に，必要としている組織のために成型する
- 任務に応じた条件で情報を要求できるようにする
- 地理空間及び時間情報のサービスを提供する

図 27　GIG ソフトウェアエージェント

エッジを強化するＧＩＧ

コンピュータ資源は情報基盤を通じて共有されているので、ＧＩＧは部隊の構成要素が使用できるコンピュータ資源の量を調整する。エッジがローカルに持つ実体プロセッサはＧＩＧにつながり、操作者に適切なインタフェースを提供し、そして利用者に情報の入手と提示をする機能を満たすので、必要となるのはネットへ対応することだけである。それゆえ、例えば下車歩兵の情報資源は、豊富なマン‐マシンインタフェース（音声認識、ヘッドアップディスプレイ、音声合成、通信装備）を提供することだけに特化したシンクライアントだけで良い。エッジにある利用者を支援するためのコンピュータ資源一般へは、ネットでのアクセスが可能である。

ＩＰを基盤とするＧＩＧのトランスポート層

ＧＩＧには、地上線、無線、衛星などマルチモードの伝送メディアが必要だが、それらのすべてはインターネットに統合される。ＧＩＧのトランスポート層（図28）はノードまたはリンクの障害に対応可能な自律型で、ＱｏＳ（Quality of Service）要求に基づいたサービスを提供する。ＱｏＳには、帯域、待ち時間、信頼性、優先権、配信メカニズム（点と点、点と複数の点）などが含まれる。動的、マルチホップ、（無線通信の）見通し線を越えたサービスは、ルータ、ＪＴＲＳ（Joint Tactical Radio System）、衛星でサポートされたネットワークの伝送機能を通して供給される。自動的な伝送と中継は、ＷＮＷ（Wideband Network Waveform）を動かすＪＴＲＳを使ったプラットフォームに存在する。ＷＮＷは、ＤＡＲＰＡ（Defense Advance Research Projects Agency）のパケット通信

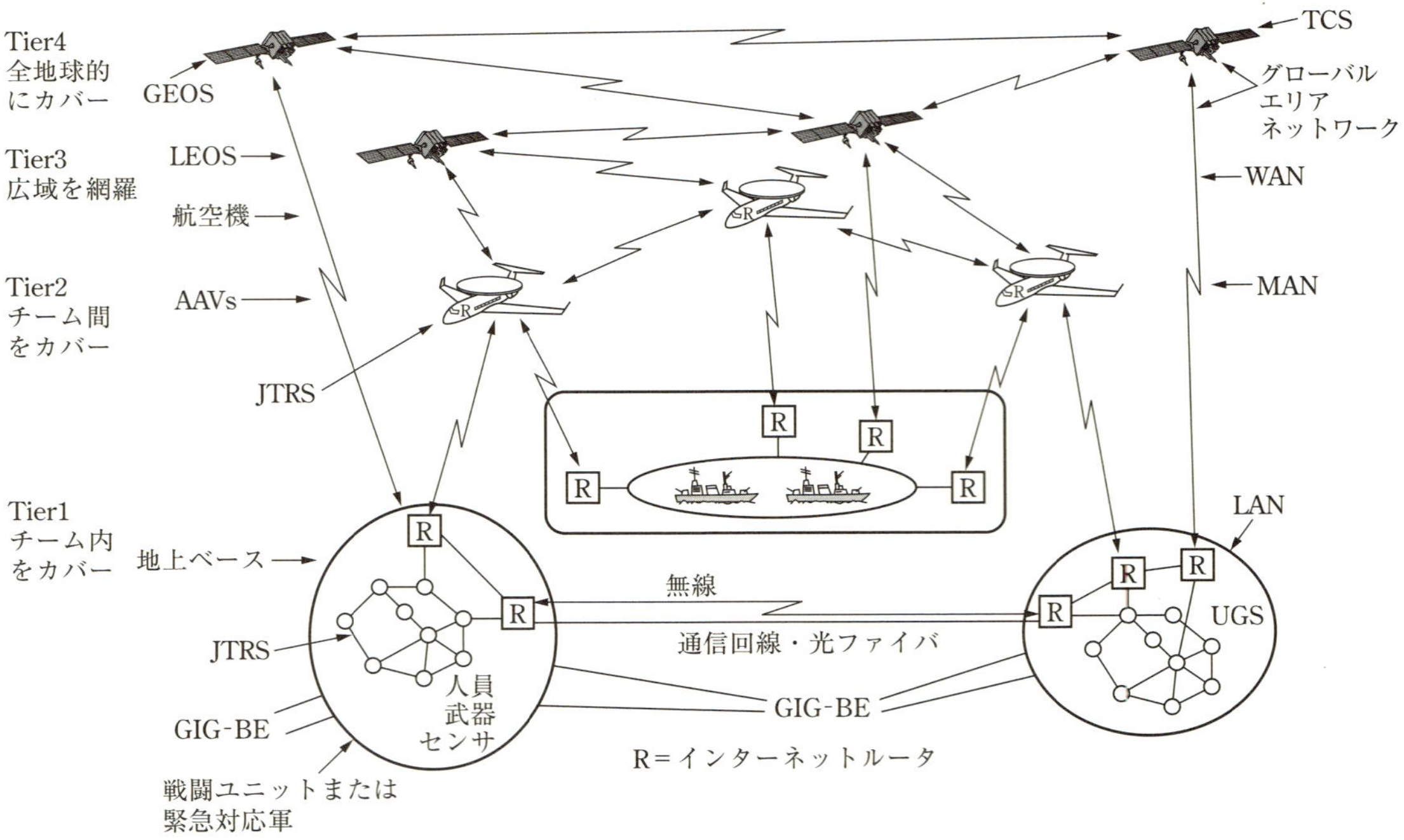
Tier4
全地球的
にカバー
GEOS
TCS
グローバル
エリア
ネットワーク
Tier3
広域を網羅
LEOS
航空機
WAN
Tier2
チーム間
をカバー
AAVs
MAN
JTRS
R
Tier1
チーム内
をカバー
地上ベース
LAN
無線
UGS
JTRS
通信回線・光ファイバ
人員
武器
センサ
GIG-BE
GIG-BE
R＝インターネットルータ
戦闘ユニットまたは
緊急対応軍

図 28　GIG トランスポート層

で開発したモバイルアドホックネットワーキングテクノロジをサポートする。これらの技術は，すべてのJTRSが備えられた航空機（有人または無人），すべてのJTRSが備えられた地上のプラットフォーム，そしてその他のプラネットフォームが自動的にJTRSネットワークの構成要素となることを可能とし，適合的で自己管理的な通信能力に支えられたサービス群を提供する。[10]

実現可能な限り，トランスポート層はオープンシステム標準とプロトコルを使って民生用の技術およびネットワークを最大限に活用し，特定の機能に特化したサービス，ハードおよびソフトの利用は最小に留めなければならない。インターネットプロトコル（IP）は，マルチモードの伝送媒体の中で相互運用性を備えた一般的標準である。これらの媒体は，GIG上のすべての構成要素間でシームレスにデータ転送することを考慮したIPとなる。軍事特有の要件（混信防止，盗聴対策，スペクトラム拡散技術など）や軍事製品が全般にIPを基盤とするアーキテクチャのインタフェースに新規開発され，または既存品で転用される。

GIGに対するセキュリティは，特別に議論すべきである。民生用のプロトコル標準を利用して，必要な基本的技術基盤を構築することは可能である。情報インフラの一部は商業ネットワークの技術を取り入れ，その多くは民生用の情報マネジメント技術に基づいているので，開発の際には必ず設計にセキュリティを組み込まなければならない。さらに，GIGには必然的に民生用の通信システムを組み込むことになるが，それらのシステムを組み込むに当っては，利点とリスクのバランスを注意深く評価しなければならない。GIGのトランスポート層に対しては，情報作戦（Information Operation，IO）に対する注意深い配慮が必要である。国防総省は産業界と協力して，GIGの宇宙空間に配備されている構成要素群が復元性を有し、ＩＯ攻撃に問題なく耐えられるように配慮している。例えば宇宙空間上のノード群にとって、制御とデータ通信用の経路を保護することは決定的な意味を持つ。同様に国防総省は、今後もネットワーク接続された前述の主として地表面の通信ネットワークのための低捕捉性（ＬＰＩ）および低検出性（ＬＰＤ）を備えた無線通信における変調方式の開発で中心的立場を取り続けることになるだろう。ＪＴＲＳはＧＩＧでイメージされるような適応力を持ち、自律的な伝達機能を実現するために必要な柔軟性を与える。この柔軟性は、情報保証サービスを拡張する機会も与える。例えば、これらの無線のネットワークレベルプロトコルは、すべてのノードを他のノードと（トラフィック分析で）区別がつかないようにできる。それゆえに価値の高い、すなわち指揮と命令の中心である軍事構造実体を敵が特定し、攻撃目標とする能力を制限する。同様に、ネットワークレベルプロトコルもそれを可能にし、もしシステムが攻撃を検知すれば、敵側の無線放射のような方法に波長を変化させるか、無線ノードをレーダーサイトに見せるように変化させる。ネットワークプロトコルとアルゴリズムはかつて考えられなかった方法で、無線通信ネットワークを基盤としたＣＣＤ（Cover, Concealment and Detection: 掩蔽し隠蔽し検知する）を達成することができる。

市場の圧力によって、民間企業はＷｅｂのセキュリティ強化に向けて積極的に働き続けると予想される。すでに電子商取引の成長によって、民間ではセキュアな情報通信を行うための基準と技術の開発が促進されている。これらの基準と技術の例は、IPsec、ＳＳＬ、公開鍵暗号基盤（ＰＫＩ）と鍵配送メカニズム、強力な暗号化アルゴリズム、侵入検知システム、安価なバイオメトリクスシステム（指紋読取、網膜読取）である。これらの基準は、情報認証、否認防止、安全な情報伝送を提供する。

さらにまた、民間部門はモバイルコードのセキュリティの解決、サービス不能攻撃の阻止および内部脅威対策にとりかかり始めている。前述したようにモバイルコードには、利用者のマシンにダウンロードされてローカルで実行されるＪＡＶＡアプレットや、移動するインテリジェントソフトウェアエージェント（migratory intelligent software agent）などの例がある。そのようなコードのセキュリティを守るためのいくつかのアプローチが開発された（サンドボックス法、コード署名、ファイアウォールおよび proof-carrying code）。しかしながらこれらのアプローチは、実装され、テストを経て、標準化されるにはまだ至っていない[11]。

　包括的なセキュリティアーキテクチャ、セキュリティポリシー、教育訓練、テストの開発によって、分散型情報基盤への適切なセキュリティを実現すべきである。商用のセキュリティ技術や方法を活用し、国防総省開発のネットワーク暗号化システムと組み合わせれば、ＧＩＧの要求する水準のセキュリティが提供可能となるような民間のセキュリティ技術を取り入れて、アーキテクチャはインフラストラクチャー内で機能するソフトウェアエージェントを守る柔軟で動的、適合的、かつ迅速に再構築可能なセキュリティをアーキテクチャは備えなければならない。適切なセキュリティポリシー、システムコンフィギュレーションと管理プロセス、セキュリティ等のマネジメントについて国防総省が適切な体制を確立すれば、Defense-in-depth のアーキテクチャを使い、ＩＰ層での暗号化、ＰＫＩ、ファイアウォール、アプリケーションゲートウェイ、インフォメーションベースへの認証に基づく（選択的）アクセス管理によってＧＩＧを保護することができるだろう。

エッジ指向アプリケーション

前章で、ＮＣＷおよびＰＴＥでは相互運用性に対して、アプリケーションよりもむしろデータにフォーカスする新しいアプローチが必要であることを述べた。このアイデアは、（アクセス許可がある限り）目的に合ったアプリケーションを使って必要なデータに誰でもアクセスできるようになるもので、利用者はパワーユーザが作った汎用のアプリケーションに依存する必要がない。それらはより最適化され、より良い理解に基づいた迅速性、そして利用や修正のしやすさなど、より重要な能力を強化する。ただし、それらのエッジ指向アプリケーションは、生成したデータを他者が利用できる形（例えばメタデータの基準とプロセスに従うなど）で発信できなければならない。

多くの人が、それは理論上は正しくともアプリケーションを開発するための「専門技術を有する」組織のみが可能である、と考えている。一方で既成の市販製品は、いまや比較的技術知識の低い（ソフトウェアの開発者ではない）利用者でも十分に強力なアプリケーションを作り出せるほどの強力な（開発支援）機能を有している、あるいは有するようになっているという議論もある。アメリカ海軍特殊戦作戦支援センターの事例は、まさにそれを実証するものだ。彼らはマイクロソフト・ネットミーティングやその他の商用ソフトを使って、アフガニスタンとイラクの双方で、作戦遂行中の複数のＳＥＡＬチームからの情報ニーズにリアルタイムで対応することができた(12)。彼ら（ＮＳＷＭＳ）は、既存の人員と既成の市販ソフトウェアだけでエッジに付加価値情報サービスを与えた。

我々は二十一世紀へとさらに前進し、エッジの人員は高いコンピュータリテラシーを持ち、そしてより強力な既成の市販製品ツールが利用可能となるだろう。我々はこれらの取組を進め、どのようにして我々が必要とするデータの相互運用性を実現し、よいアイデアと既成の市販アプリケーションを広め、どの程度我々のシステム専門部隊がうまくエッジを支援できるか評価する方法を学ぶ必要がある。

■ノート

（1）ここで発生する相互作用の性質はＡＳＤ（ＮＩＩ）とフォーストランスフォーメーション局が共同出資している研究プロジェクトで開発する概念の骨子で主要部分となっている。この問題については第3章で詳しく論じている。

（2）以下、これに続く議論は、Leavitt, Holand J. and Homa Bahrami, "*Managerial Psychology: Managing Behavior in Organizations*", Chicago, Il: University of Chicago Press, 1988, pp. 208-216から1部改変して掲載したものである。

（3）Bigley, G.A. and Roberts, K.H. "The Incident Command System: High Reliability Organizing for Complex and Volatile Task Environments." *Academy of Management Journal*. Vol 44, Number 6. 2001. pp. 1281-1300.
Weick, K.E. & Sutcliffe, K.M. "Managing the Unexpected: Assuring High Performance in an Age of Complexity." San Francisco, CA: Jossey-Wiley. 2001.

（4）Leavitt, *Managerial Psychology*.

（5）Leavitt, Harold J. "Some Effect of Certain Communication Patterns on Group Performance" *Journal of Abnormal and Social Psychology*. 1951. pp. 38-50.

（6）Cabral, Ana Maria Rezende. "Participatory Management." Anthony Vaughn. *International Reader in the Management of Library, Information and Archive Services*. Paris, FR: UNESCO. 1986. Section 5.11.

（7）この内容は論文 “The Vision for a Global Information Grid（GIG）”（Michael Frankel）及びその著者との議論に基づいている。同著者は現在 Programs in the Office of the Assistant Secretary of Defense（NII）で防衛副次官補を務めている。

（8）Sensemaking は「不確実な状況で状況認識を行うプロセス」と定義されている。
Leedom, Dennis K. “Sensemaking Experts Panel Meeting Final Report.” Vienna, VA: EBR, Inc. June 2002.
Leedom, Dennis K. “Sensemaking Symposium Final Report.” Vienna, VA: EBR, Inc. October 2001.

（9）ここまで言うと明らかに誇張しすぎである。というものの、ユーザが自分な何を必要としており、どの程度の情報が入手可能かを理解している程度次第では、このような大胆な話も現実となり得る。

（10）Capstone Requirements Document（CRD）. Global Information Grid（GIG）. March 28, 2001.
http://www.dfas.mil/technology/pal/regs/gigcrdflaglevelreview.pdf.（Apr 1, 2003）

（11）Rogers, Amy. “Maximum Security.” Computer Reseller News. Manhasset. Sep 20, 1999.
Rollender, Matt. “SSL: The secret handshake of the 'Net.” *Network World*. Framingham. Feb 3, 2003.
Borck, James. “Building Your Site from Scratch.” *InfoWorld*. Framingham. Oct 4, 1999.

（12）Ackerman, Robert K. “Special Forces Become Network-Centric.” *SIGNA Magazine*. Fairfax, VA: AFCEA. March 2003.
http://us.net/signal/Archive/March03/special-march.html.（May 1, 2003）

第11章　情報化時代の指揮統制

旧来の指揮統制の原理と実践は、脅威の性質、軍隊の性質に対応し、そして情報技術がより利用しやすくなるに応じて徐々に変化してきた。しかしながら、環境の変化と比べて進化のプロセスは遅い。ダーウィンの「適者生存」は、生き残ったものの子孫が死滅したものよりも多様な環境に適応する特性を持つという自然淘汰に依存している。絶滅は、環境の急速な変化によって起こる。軍事革命（RMA）は起こっているが、RMAを形作る多くの取組はゆっくりと進展しており、それを実現する能力が利用可能になってから、ずい分遅れて取組が始められた。遅れの大部分は、文化的障壁によるものである。

「変革」とは、競争優位を保つために適応を加速するための取り組みである。変革に対するアメリカ国防総省の責務は、物事は「後でやるよりも、早く変わることが必要であること」を明確に承認することである。それは、例え自らが現時点で最高（と考えている）だとしても、さらに変わらなければならないということである。[1] このことは一般には受け入れ難く、そのため軍組織における変革は、"*Information Age Transformation*"で述べられているような種の変革の普遍的価値が低く認識されているというには程遠い。本書では、NCWこそが変革の取組の中核と認識されている。現状における指揮統制の理念とプロセスは、もはや現在および将来の脅威や安全保障環境における重大な変化には十分に対応できなくなっている。そして、情報技術の大きな進歩とそれらがもたらす活用法は、指揮統制を再考する機会を我々に与えた。軍組織が情報化時代に適合した組織となるために、その指揮統制に対する取り組み方を根本的に変えなければならないだろう。このことは、軍が情報やその伝達、および任務の遂行、組織化、そして訓練について考え方を変えなければならないことを意味する。また、個人と組織の新しい相互作用を模索し、新しいプロセスに発展させていくことが必要になってくることも意味している。

本章では、情報化時代の指揮統制の性質、NCWの理念とパワートゥザエッジ（PTE）の原理を基礎にした取り組みを述べる。指揮と統制に対するこの新しい取り組みにおける指揮統制の二つの構成要素を、情報化時代の指揮の性質および統制の実現方法に分けて論じていく。

情報化時代の指揮

籾殻《もみがら》から小麦を分別することが難しいように、偉大な指導者または天才学派が出している軍事歴史文献を読むことによって雑多な種類の指揮のあり方から良質なものを分類するのは困難である。(2) すべての人にとってすべてであるような、たった一人の英雄的指揮官を重要視する傾向は流行のように広がる。事実、指揮に関する文献の多くには、組織の存在意義はその司令官を支えることが第一である、という唯一的な信念が見受けられる。そして実際この傾向は、工業時代の指揮統制システムとそのプロセスに少なからず反映されている。それは、情報の大部分が垂直方向に一方的に流れ、意志決定者の支援に重きをおく（そして多くは単一の人物の重視）という面で顕著である。指揮のこの考え方は、PTEならぬ「パワートゥザセンター」であろう。このタイプの組織が持つ欠点は、責任と権威との間に頻繁に起こる不整合、あるいは有効性や俊敏性といったものの欠落につながる状況認識の程度の間にしばしば存在する大きなばらつきなどである。どんな種類の組織でも、上層部にあって成功した者は異なる理解をしている。彼らは、組織が彼らを支えるために存在するものではなく、彼らが組織を支えるために、そして成功に必要な状況の創造の促進を目的として他者と協力するために存在するものと解釈している。

情報化時代の指揮は、最終的に一個人の責任に帰結するものではない。責任は共有・分散される。これは責任者が不在ということだろうか？　この問いが問題の本質である。確かに今日、企業活動において担当者が誰もいない事例はたくさんある。例えば、国連安保理事会は誰が担当しているのだろうか？　有志の同盟国間では誰が責任者なのだろうか？　ある国の政府の指導者はその国を預かっているのだろうか？　そもそも「何かを任される」とはどういうことか？　「何かを任される」ということは単に責任の所在を明示すること／または命令を出す能力だろうか？　ちなみに辞書には、その定義のうち最初の二つが次のように載っている。「義務、責任又は責務を課すること」または「準備をすることとまたは依頼すること(3)」。

何かを任されていることとは、責任を持っている人の影響力の程度に関係しているとされる。そのことは、「統制をするならば責任をともなう」ということとなる。また、影響力を伴わない（統制されていない）指揮というものも存在しない。従って、単に誰かに責任を課するだけでは、効果的な指揮統制を生み出すこととはならない。

一人の人間が命令のすべての責任を負うことができるような状況は、今も存在するかもしれないが、実質的に、二十一世紀において行われるすべての重要な軍事作戦は、役割を分散して割り当て、共同で作戦にあたる形においてこそ成し遂げられる指揮の機能を求めるだろう。これは、明らかに同盟国の作戦における場合を示しているが、アメリカの軍事組織のみの場合にも当てはまる。例えばソマリア(4)の戦場において、軍隊の責任は統合軍司令（ＣＪＴＦ）とアメリカ陸軍方面軍司令（ＣＩＮＣ）に分けられていた。しかし、ＣＪＴＦはある特殊部隊に命令する権限はなかった(5)。このように、軍隊の全権を掌握する人間のいない状況が一般的である。統合／特定軍指揮（ＣＯＣＯＭ）、作戦指揮（ＯＰＣＯＭ）、または戦術指揮（ＴＡＣＯＭ）など、指揮の色々な度合いをよく説明している専門的表現がある(6)。作戦中における情報の重要性は増加しており、情報の収集、分析そして割り当てを行う任務の責任の重さは、指揮を組み立てることと同じくらい重要になるだろう。情報機関は軍隊の外と中に存在し、アメリカ合衆国政府の外にさえも存在する。これらすべての情報機関は、任務において決定的となる情報を作り上げるかもしれないが、誰かがこれらすべての情報資源に対して指揮権を有するようになるとは思いもよらないだろう。したがって多くの組織のあらゆる階層にいる人々は、指揮の機能を正確に実施するために、彼らの組織の中において色々な外の組織の人々と共調して働く能力が求められることになるだろう。

従来、命令の定義は、「司令官の言ったことはすべて命令である」というように、しばしば司令官の地位と結び付けていた[7]。重要な任務においては当然のこととして、担当地域（ＡＯＲ）ごとに多くの司令官がいる。厳格な階層構造を採用している場合を除いて、すべての軍隊に責任を負っているような単一の司令官はいない。情報化時代の指揮を論ずる場合に、事実上ほぼすべての最近の軍事行動がそうであるように、ただ一人の人間が責任を負うことはないということを前提として考えるようになるだろう。そして、司令官は多種多様な機能を遂行するので、司令官を指揮の機能とは区別して考えるようになるだろう[8]。

情報化時代の指揮[9]は、成功のための条件を作り出していくことと関係している。そしてそれは、ビジョンとそれに結びついた目標を選択し、目的を進展させ、優先順位をつけ、資源を割り当て、そして制約を確定すること等を含む。これらをまとめると、以上のことは、①取り掛かる問題や遂行される任務を明確にし、指揮の意図を定めること、②問題解決に照準を合わせること、である。この定式化が暗に意味することは、指令の意図もその解決アプローチも、必要性が生ずるたびに修正したり、変更しなければならないことを認識することである。同盟国の環境において、（意図を共有した）同盟関係を維持することは、とても重要な指揮の要素である。

与えられた状況において指揮の質を確かめようとする場合に、四つの属性に触れておかなければならない。その四つとは、①意図の定式化の質、②意図が（正確にそして共有されて）理解されている度合い、③問題解決の取組の質、④適切な変化するための応答性、である。

情報化時代における指揮の定式化は、指揮統制の領域におけるＰＴＥを具体化することである。そして完全に効果的なものとするために、組織体のその他のあらゆる面においてもＰＴＥの原理を適用すべきである。

情報化時代の統制

これまで、「指揮は芸術であり、統制は科学である」と言われてきた[10]。この表現は単純に過ぎるが、両者の相違を端的に言い表しているといえる。工業化時代においては、統制の科学は「制御理論」だった[11]。情報化時代において、制御の科学は、「複雑系」という新しい科学にその基礎をおいている。*"Coping with the Bounds"*[12]では、軍事作戦の中に内在する非線形性というものを理解することが必要とされている。*"Effect Based Operation"*[13]では、他の領域における軍事領域の活動の有効性について理解する必要があり、その逆も必要であると述べている。任務の実効性というものを様々な次元について考慮しなければならない状況が増大している現状は、複雑性を新たな考慮すべき要素として加え、複雑な適応システムの性質についての理解を深めることの重要性を浮かびあがらせる。

統制の理論は、統制を行うために適切な一連の手段の想定とそれに応えられる具体的手段の存在の両方を必要としている。経済学者に経済動向の予測ができないことや、経済政策がまったく冴えない結果となっていることはよく知られている。気象学者がわずか一日先を予測するのも困難であることもよく知られている。従って、(例えあなた方に知的な抵抗勢力が存在しないとしても)日常のそして日々の出来事さえも、予測することはとても難しい。複雑性に対して統制または予測通りに影響力を維持することができ、効果的かつ一元的に管理する手段を持てたとしても、組織を適切に運営していける保証はない。

当然ではあるが、多くの工業化時代の指揮統制のプロセスは最適化を求めている。事実、最適化は必須条件であった。しかしながら、より現実的な統制の目的は、最適化を追求することよりも、ひとつの任務を遂行している間、ある一定の範囲内にひとつの状況を維持し続けることである。ある任務（例えば平和維持活動とすると）の場合、ある範囲内にその状況を維持すること自体がその任務である。必然的に、設定された範囲がどの程度困難かということが課題の程度を決めるだろう。例えば、ある時間内に巻き添え被害を限定的にし、そして犠牲者を抑制しつつ軍事的目的を達成するという課題は、どのくらいの時間がかかり、どれくらいの巻き添え被害を発生させ、どのくらいの犠牲者が出るかを（これらすべてのことを等しく）「受け入れること」ができるかに左右される。

マル秘や極秘文書または機密情報を管理するという我々の目的も、近年、安全を脅かすことを避けるために情報へのアクセスを厳しく制限することからリスクマネジメント的な取り組みへ変化してきた。言い換えれば、我々の目的は最適解を求めるということよりもむしろ、ある範囲内において一定の状況を維持することになってきた。ある状況（ある範囲内で一定の状況を保つこと）に関連するリスクマネジメントのこの考え方は、情報化時代にふさわしい統制の目的である。

統制の目的の本質を変えていくことに加えて、我々は目的を達成するための手段を変えていく必要がある。我々はどうすれば統制の目的を最もうまく達成することができるだろうか。工業化時代では、統制に対する我々の手法は、計画を立案し、組織の階層を反映した個別の品質統制プロセスを組み立てることだった。この統制のプロセスの役割は、何が起こっているのかを観察し、物事が計画通りに進行していないときに介入することである。したがって、統制は本質的に中央集権化だった。

このような中央集権化された手法を用いてその状況を統制できるかどうかは（つまり「統制されている」状況とするには）、十分長い期間有効性を維持できるような質の高い計画を立てられるかどうかにかかっている。このことは、その計画が、少なくとも広く行き渡り始め、実践され、その有効性が確かなものとなり、必要に応じて再検討を行う間は少なくとも有効性を維持することが求められる。このようなやり方は除々に、きわめて困難に、あるいは単に不可能となってきた[14]。中央集権的統制の数々の失敗は、有用な情報や資産を取捨選択し、環境の変化に対応することが階級階層構造においてできなかったことと深く関係している。工業化時代における統制の取り組みは伝統的な階層構造の軍隊組織と歩調を揃えて成長してきたが、一方、エッジ組織の末端では統制に対して異なった取り組みが求められていた。

情報化時代における統制にはこれまでと異なった考え方や取り組み方が必要である。統制は、複雑な適応システムに無理やり後付けできるようなものではない。多くの独立した行為者がいる場合には特にそうである。統制、すなわちある行動を許容範囲内に留め、または遷移をその範囲内に留めることを保証することは、間接的に達成できるに過ぎない。最も有望な取り組みは望ましいふるまいを「もたらす」[15]一連の初期の条件を可能な限り確立することに関係している。言い換えれば、統制とは単なる作業の並行処理を強いることによっては達成できず、むしろ独立した行為者の間における相互作用から自然と生まれてくるのである。組織は単に「統制されている」のではなく、望ましい行動が生み出されるようにその条件を作り出すのである。

発現する行動というものは目新しいものではないが、その重要性は近年ようやく認識され、研究されるようになってきた。[16] NCWのマジック、つまり状況認識の共有から自己同期化への跳躍は、発現するふるまいの一つの形態である。NCWがうまく働く理由は、効果的な自己同期化達成のためになくてはならない、初期条件を汎田的な複数の項目として明確にしているからである。

情報化時代における統制の程度を評価するということは、（工業化時代のそれを評価することに比べて）最終的な期待される結果が同じであるという点で、大きな違いはない。しかしながら、それを追跡する（そのためのデータを収集し分析する）ための独立変数群は、工業化時代のそれらとは異なるものになるだろう。そしてこれらの独立変数群は、そのような行動に影響を及ぼすと仮定される初期条件群を含んでいるだろう。

本章（情報化時代の指揮統制）に述べられている考え方は、説明責任に関する関心を呼び起こすこととなった。ある人は、もし「責任者がいないのであれば」説明責任を負う人など誰もいないと考える。目に見えている現実以上のことは何もないからである。このことは、指揮の意図、割り当てられた資源、交戦規則、そして資産の状態を理解することを含む。

望ましい行動が発現されるような初期条件を作る責任が、指揮機能の実行に寄与する個人および組織にあることは明白である。彼らは、以前よりリアルタイムで情報や専門知識へのアクセスが提供されるであろう。彼らが（今日あまりに頻繁に起こるようなことを）統制できないことについて人々に対して説明する義務を負わせることは不公平であり生産的ではないが、彼らの能力に最も適した仕事をこなすことについて、説明責任を彼らに持たせることは重要である。これらの個人および組織は、状況を監視し、必要ならば初期条件を補正し、組織のメンバーが相互に認識を共有していることを確認する責任がある。このことを細部にわたって管理しようとするマイクロマネジメントや、それ自身が関係者の責務を適切に免除することなどできない失敗によって構成されるような不適切で反生産的なふるまいに対する言い訳としてはならない。情報化時代においては、指揮はこれまでなされてこなかったようなやり方、つまり種々の組織の枠組を越えた指令意図の調和を達成し、臨機応変に資源の配置を行い、そして交戦規則を確立することによって実践されるだろう。

（説明責任についての標準策定に必要とされる）新しい行動規範は、目下、確立途上である。そのような規範が発展し、受け入れられ、広く理解され、普遍的に適用されていくには、時間と膨大な実地検証と経験を要する。確立された規範の不在は、我々が情報化時代の指揮の機能を完成させ、そして望ましい行動をもたらすための方法を変えていないことの理由にはならない。我々が現在ある指揮統制の取り組みとそのプロセスをどのくらい良く理解しているとしても、今後顕在化するであろう安全保障上の課題に直面した際に、それらに対する説明責任を負うことに十分相応していないということを肝に命じる必要がある。しかし、情報化時代の指揮統制への変遷期に経験する責任問題は、常識的に考えることで最小限に留めることができる。このことは、柔軟性に欠ける標準よりも、むしろ合理性に基づく標準を適用すべきであることを意味している。

■ノート

（1）Alberts, *Information Age Transformation.*

（2）マイヤーとデイヴィスは「我々には現在、適応するための手段を昔よりもたくさん持っているので、これらの経営ルールをより正確に表現し、経営ルールはっきりと反映し、体系的な実装を行って、才能あるリーダーの直感への依存を減らすことができる」と述べている。
Meyer, Christopher, and Stan Davis. "Embracing Evolution: Business from the Bottom Up." *Perspectives on Business Innovation.* Issue 9. Cambridge, MA: Center for Business Innovation. Spring 2003.
http://www.cbi.cgey.com/journal/index.html.（Apr 1, 2003）

（3）*The American Heritage Dictionary of the English Language*, Fourth Edition. Boston, MA: Houghton Mifflin Company. 2000.

（4）Allard, Kenneth. *Somalia Operations: Lessons Learned.* Washington, DC: CCRPPublication Series. January 1995. p. 26.
Joint Military Operations Historical Collection. July 15, 1997. p. VI-1.
http://www.dtic.mil/doctrine/jel/history/hist.pdf.（Apr 1, 2003）

（5）Alberts, *Command Arrangements.*

（6）Alberts, *Command Arrangements.* p. 9.

（7） 国防総省は「コマンド」を「軍の司令官が階級に基づいて部下に対して規則に沿って行う権利の行使」と定義している。従って、コマンドは司令官の行為の機能である（“Department of Defense Dictionary of Military and Associated” より）
http://www.dtic.mil/doctrine/jel/doddict/.（Apr 1, 2003）

（8） 将来的には、司令官は非常に多数におよぶ機能を果たすようになるだろう。しかしながら、おそらく今日なされている機能をすべて含むわけではなく、一方でまったく新しい機能もいくつか含むことになるだろう。

（9） ここでの指揮に関する議論は、リーダーシップに関する機能は含まないことに注意を要する。リーダーシップの機能とは、誰かによってなされるかもしれないが、必ずしも指揮を司るのと同じ個人である必要はないものである。

（10） Alberts, *Command Arrangements*. pp. 7–9. Figure 1.

（11） Van Trees, Harry L. L. *Detection, Estimation, and Modulation Theory, Optimum Array Processing*. Wiley, John & Sons, Incorporated. March 2002.

（12） Czerwinski, Tom. *Coping with the Bounds: Speculations on Non-Linearity in Military Affairs*. Washington, DC: CCRP Publication Series. 1998.

（13） Smith, *Effects*.

（14） Hayes, Richard E. “Systematic Assessment of C2 Effectiveness and its Determinates.” Vienna, VA: Evidence

Based Research, Inc.
http://www.dodccrp.org/sm_workshop/pdf/SAC2EID.pdf.（Apr 1, 2003）

（15）It has an arbitrarily high probability of doing so.

（16）Neck, Christopher P; Manz, Charles C. *From Groupthink to Team-think: Towardthe Creation of Constructive Thought Patterns in Self-managing Work Teams*. New York, NY: Human Relations. Aug 1994.

Sinclair, Andrea L. *The Effects of Justice and Co-operation on Team Effectiveness*. Thousand Oaks: Small Group Research. Feb 2003.

Moffat, James. *Complexity Theory and Network Centric Warfare*. Washington, DC: CCRP Publication Series. 2003.

Grudin, Jonathan. *Group Dynamics and Ubiquitous Computing Association for Computing Machinery*. New York, NY: Communications of the ACM. Dec 2002.

Harrison, David A, Kenneth H. Price, Joanne H. Gavin, Anna T. Florey. *Time, Teams, and Task Performance: Changing Effects of Surface - and Deep-level Diversity on Group Functioning*. Briarcli　Manor: Academy of Management Journal. Vol 45. Oct 2002.

第12章　パワートゥザエッジ（PTE）組織の力

「パワー」は、潜在力の発現である。「偉業」は「パワー」が具現化されたものである。従って、PTEの概念は、組織のエッジへの権限委譲に関する概念といえる。エッジへ権限を委譲する理由は、組織を「より強力に」することである。この権限委譲によって生まれるパワーは、組織の俊敏性が増加することによるものである。このパワーは以下の二つからもたらされる。すなわち、①組織の持つ情報や資産の一部のみでなくすべてを使うことができるように組織内の情報と資産を動員する能力が向上すること、②一瞬のチャンスを見逃さずに利用する能力。換言すれば、組織はPTEによって持てる資源と与えられた機会をフルに活用することによって、その潜在力を一〇〇％発揮できるようになる。(1)

もしPTEの組織と構造が現在の軍の階層構造とそれを支えるシステムよりもパワーを持つならば、より不利な条件下でも、より短時間かつ低コストで工業化時代の組織と階層構造がもたらす成果よりも多くの成果を達成できるだろう。また、任務範囲が広範囲にわたる場面や不確実性に対処することには、伝統的な組織と構造よりも適していると違いない。

軍事組織におけるパワーは、軍事作戦に必要とされる四つの最低限の必須能力を達成する可能性に関して、組織の各個人が所有する集約的手段の機会と相関がある。これらの能力は以下の通りである。

① 状況を理解する能力
② 軍事以外の組織（組織横断的・国際的な組織、民間企業、外部委託の人員）と連携して任務をこなす能力
③ タイムリーに対応するための適切な手段の所有
④ 適時に対応するための手段を統合運用する能力

このように、任務が多種多様な広範囲にわたる作戦において、これら四つの必須能力を獲得することができる組織の相対的能力は、組織の力を知るための直接的な指標となる。

これら四つの能力のうち三つ（一番目、二番目、および四番目）は、組織が情報を有効に利用する能力と直接関連している。一方で、情報を利用する能力は組織のトポロジーと直接関連している。多種多様な手段を統合運用できる能力は、組織によって選択された指揮統制アプローチとも直接関連している。必須能力の三番目である「タイムリーに対応するための適切な手段の所有」は、情報に直接関連しない一方で、(2) 手段のコストや有効性が情報と関連しているという面において間接的に情報を利用する能力に関係している。(3) このように組織が情報を利用し、活用する能力とパワーは関連している。

本章では、基本的な階層型組織とエッジ型組織の特性を確認し、その後、これらの特性が情報を利用し活用する能力にどのように影響を与えるかをながめた後、パワーを生み出す能力に関しての推測

を行う。簡単に言えば、状況認識の共有を進展させる情報を活用する組織の能力と、その状況認識の共有を自己同期化に必要な条件を作り出すことに利用する組織の能力の間のつながりこそが、「知（情報）は力なり」という言葉で表される情報化時代の組織を作り出す。

階層型組織とエッジ型組織

〔伝統的な階層構造〕

伝統的な階層構造は、たいてい組織メンバー間の上下方向の交流を阻害するトポロジーを内包し、各階層における人数は工業化時代における統制可能範囲（最大で五〜七人）の概念によって決定される。その指揮統制アプローチは、集中化計画、任務行為への分解、主として相互干渉の排除に基づくプロセスの制御によって特徴づけられる。階層構造は縦割り組織を生み出す。縦割り組織は狭い範囲に絞られた目的のために、階層の上下方向に組織構成要素がしっかりとつなぎとめられた組織である。このような縦割り構造の存在は、その統制の中で閉じた文化と言葉を発展させる。それゆえ、階層構造は「部族の集まり」へと成長する。忠誠は本質的に局所的なものでしかないので、組織のチームスピリットを構築する気質を奨励しなければ、互いに足を引っ張り合うような内紛が横行することになる。そのような縦割り組織では、エネルギー（組織構成員の時間と貢献）の大部分が「信頼」の確立と維持、「身内」への忠誠の構築と維持、そしてより大きな組織全体としての目標を表向きの組織構造とは無関係に追求できるような（往々にして非公式な）組織横断的人間関係を確立し利用するために局所的に費やされることになる。

これらの伝統的な組織においては、階層型構造を支えるシステムは縦割り構造により構築され、統制されるため、それらによって相互運用性の達成が困難となる。さらに、階層型構造における情報の流れは、階層型構造の仕組みを反映したものになる。情報の流れは、その情報を生成または収集した縦割り組織の内部のみに制限される。相当な圧力をかけなければ組織は統合される方向には進まず、階層型構造は勝手気ままに発展した縦割り組織の連合体にしか発展しない。例え圧力をかけたとしても、情報交換と協調は組織の基本的な原則としてではなく、必要なときのみ生成される例外措置としかみなされない。

〔エッジ型組織〕

エッジ型組織はメンバー同士あるいはメンバー内での双方向の対話を奨励する。その指揮統制に関するアプローチは、「指揮」と「統制」を分離することで伝統的な指揮統制の枠組みを打ち砕くものである。「指揮」は初期条件の設定と全体で一貫した意図の提供に関係する。「統制」は指揮とは独立に、初期条件、環境、そして敵との関係に応じて自ずと生じる特性である。ここでの「忠誠」は局所的構成要素に対するものではなく、組織全体にわたるものである。

エッジ型組織は俊敏であるための属性を持つ。これは、俊敏であるためには利用可能な情報を新たな方法で結合させ、様々な視点を加え、様々な状況下でのニーズに対応するように資源を様々な方法で利用する必要があるからである。階層型組織が既知の課題に対応して解決できるように発展してきたようにはエッジ型組織はその種の課題に対して最適化されていないが、既知の課題に対しても時間とともにより革新的な解決策を開発できるだろう。なぜなら階層型構造のプロセスが、エッジ型組織のふるまいを束縛しないような一連の制約のもとに最適化されているからである[4]。エッジ型組織は、関連知識や経験、専門的知識からより多くのものを生み出すので、特に不確実な状況や未知の状況への対処に適している。

ちょうど工業化時代の軍隊が、相対的に遅く、非常に重い集中的計画プロセスに内在する問題を克服するために分散型実行に依存していたように、工業化時代の（軍事組織を含む）あらゆる種類の官僚構造は、その構造と情報の流れによって課せられた限界を克服するために、非公式な組織（例えば学閥のような）に依存していた。残念ながら、これらのプロセスは妥当性を欠き、問題が発生しなければ修正のための行動ができない。修正のための行動は、正規の組織との協調により実施しなければならないが、そのような組織は忠誠と報償の仕組みが合っていないため、非効率で対応が鈍かった。改革や変革のための努力はすべて、最終的にはこれらの障害の克服を必要とする[5]。

階層型組織とエッジ型組織の比較

なによりもまず、階層構造が中心（階層構造は強力な統制構造を生み出す）にパワーを保持しようとするのに対し、エッジ型組織はエッジにパワーを移動する。

状況に対処し、任務行為を達成する責務を負う組織において、（パワーを構成する）手段と機会を提供するあらゆる組織の能力は、直面する状況や任務達成のための行為に対する理解度に依存する。

既知／未知の任務行為へ対処するための能力に関して階層構造とエッジ構造を比較すれば、その違いが明らかになる。もし状況や任務行為が既知のものであれば、階層構造は非常に良く機能する。

	階層型組織	エッジ型組織
指揮	指示する	状況を整える
リーダーシップ	地位による	能力による
統制	指示による	属性に現れる
意思決定	組織が行う	全員が行う
情報	蓄積する	共有する
主な情報の流れ	垂直、指揮に伴う	水平、指揮からは独立
情報管理	プッシュ	発信して、必要なものを選ぶ
情報源	少人数に集中	取捨選択、市場に適合的
組織的プロセス	指示される、線形	動的、並行的
エッジの個人	強制される	権限を与えられる

図 29　階層型組織とエッジ型組織の属性比較

（章末に引用の文献の研究成果が示すように(6)）その理由は、組織やプロセスが適切な手段や機会を提供できるように最適化されているからである。パワーを生み出すために必要な手段や機会を調べてみると、状況や任務行為が既知の場合には、資産が適切な場所に配置されている（あるいは適切な場所へ配置されるように配慮されている）可能性の高いことがわかる。形式的には必要とされる情報を構成する要素と、それらへの情報交換要求として表現されるような情報に対する必要性というものは一般に十分周知されている可能性が高いだろう。よって多くの場合、適切な情報が適切なときに、適切な構成要素へ提供されるだろう。認知領域においては既知の状況はよく認識されており、従って責任を負う各個人は状況を良く理解する可能性が高くなる。最終的に、組織的プロセスと交戦規則は既知の状況のニーズに合うよう構築され、改善されてきたわけである。従って各個人と構成要素は、仕事を成し遂げるためにどのように協業すればよいかということをよく理解している可能性が高い。

以上のことは、階層的組織が未知の任務行為や未知の状況下で活動する必要性に直面するときに、すべて変わってくる。各個人は適応のための俊敏さを十分に身に付けているが、階層的組織はそうではない。なぜならば、既存のシステムとプロセスは必要な情報を提供して処理し、そして必要とされる人員および組織を取り込むようにデザインされてきたからである。まさにそのような特徴のために、未知の任務行為においては縦割り組織間の対話が重要となってくる。このようなケースでは、対策を前もって知っていたり準備しておくことはできない。ゆえに必要な情報が何なのかを前もって知ることはできないし、入手不可能な場合もある。入手可能であっても、その情報を誰が必要としているか情報の所有者にはわからず、その情報を必要とする人へ届くようにシステムがデザインされていない場合もある。同様の状況は、未知の任務を遂行する手段についても起こりうる。すなわち、階層型組織がその人的資源を提供する能力、つまりパワーを生み出す「手段」（手段と機会を示す図30は、読者の簡便のため第9章から再掲した）は、既知の状況と任務行為においては非常に優れているが、未知の場合は非常に制限されることになる。

組織のパワー、特に復元性の要素へ影響を与えるもう一つのものは「俊敏性」である。カーリーらは、中心的リーダー（あるいは優れたリーダー）達が解任されることで組織がどのようにどの程度不安定になるかを研究するために、ソーシャルネットワーク分析とマルチエージェントモデル(7)を採用した。彼らは、「様式化された階層的中央管理ネットワーク」と「様式化された分散型非集中化ネット

	手段	機会
物理	固有の資源	適正な行動 適時に適正な配置
情報	固有の情報	適時に適正な情報
認識	知識と能力	適時に適正な理解
社会	情報の取得 指揮権	適切な交戦規定と適時の連携 適時に指揮の意図を適正に伝達

図 30　領域区分に対する力の源泉の関係

ワーク」を比較し、分散型非集中化ネットワークを不安定化させることのほうがより困難であることを発見した。

現在そして将来のネットワークセントリック的組織形態を厳密に比較するためには、分析、モデリング、シミュレーション、実験、そして作戦において、新たな指揮統制アプローチと組織を研究する機会が得られるまでいましばらく時間が必要である。しかし研究結果に基づいて考えると、ＰＴＥの原理に基礎を置き、ネットワークセントリック的作戦（ＮＣＯ）を実行する組織は、より俊敏であると期待できる。

■ノート

（1） 組織の俊敏性もまた機会をもたらす。このことがまた力をもたらす。

（2） ただし対応手段に情報攻撃作戦（その手段自体が組織の情報活用能力に左右される）が含まれる場合は例外である。

（3） 例えば、高精度誘導弾は最も費用対効果が高く（使用量が少なく、節約ができる）、非誘導弾が使用できない局面でも使用可能である。

（4） これらの制約は①階層構造が情報の流れに制約を課すること、②既存の権限と責任のパターン、および③相互作用の制限などから発生する。

（5） Hogg, Tad, and Bernardo A. Huberman. “Communities of Practice: Performance and Evaluation.” *Computational and Mathematical Organization Theory*. No 1. Norwell, MA: Kluwer Academic Publishers. 1995. pp. 73–92.
Carley, Kathleen M. “A Theory of Group Stability.” *American Sociological Review*. Vol 56, Iss 3. JSTOR, American Sociological Association. Jun 1991. pp. 331–354.

（6） This is true for successful hierarchies, ones that have evolved under competitive pressures.

（7） Carley, Kathleen M., Ju-Sung Lee, and David Krackhardt. “Destabilizing Networks.” *Connections*. No 24(3): 79–92. British Colombia, CAN: INSNA. 2002.

第13章　エッジ指向の任務能力パッケージ

任務能力パッケージ（ＭＣＰ）の概念が生まれてからかれこれ十年程になる。[1] ＭＣＰの概念が本質的に意味するのは、このようなパッケージの個々の構成要素（政策、指揮、教育、訓練、そしてシステム）を共進化させる必要性への認識である。[2] ラムズフェルド国防長官は、「軍事革命とは、もちろん新しいハイテク兵器を開発・製造することも含むが、それ以上のものである」[3] と述べた。軍事における革命とは、新しい考え方、そして新しい戦闘方法をも意味する。我々の勝利のためには、この活動を通し、システムや道具類と同程度にプロセスと戦略についても取り組まねばならない。ＭＣＰ構成要素を適切に共進化できなければ、能力の喪失のみならず実行能力の消失という結果をもたらすだろう。このような状況においては、実質的な能力を喪失する可能性にとどまらず、新たに改善された手段と増大した機会（パワーに先立つもの）の十分な活用に失敗することがあるだろう。

従って、指揮統制、組織的、構造的、そして行動原理としてのパワートゥザエッジ（ＰＴＥ）の適用は、ＭＣＰの他の構成要素がＰＴＥ原理を反映し、共進化する可能性があることを意味している。本章は、ＭＣＰのそのほかの構成要素群を理解し、発展させ、そして支援する制度的なプロセスにおいて起こるべき変化の本質について議論する。

制度的プロセスの共進化

現在、実戦配備中の能力は、ほとんどが国防総省の縦割り的計画、予算編成、そして資材プロセス（これらすべては「もの」主体である）と後ろ向きな要求プロセスの産物である。権限に関しては分散されているものの、陸海空軍および各省庁へ権限が授けられており、このような権限の構造は明らかに統合（jointness）とは正反対であり、兵士たちの戦っているエッジからは程遠いものである。何年もの間、協力体制を向上させて兵士たちの要求にすばやく対応できるよう、システムを改善する多くの試みがなされてきた。しかし現在のところ、これら軍および諸機関はそれらの本質的なプロセスがエッジ指向のプロセスへと変革されてこなかったために、その取組が成功をおさめた例は少ない。国防総省の中枢機能、すなわち軍事作戦の執行へのエッジ指向のアプローチ適用のためには、それらの支援プロセスをも同様に変革することを必要としている。

戦略的計画と要求事項

将来の計画を立案することは情報化時代にとってもこれまでと同じくらい重要ではあるが、この活動の目的と性質は伝統的な階層型組織とエッジ型組織では著しく異なる。工業化時代においては、系統的な手法を用いることで、最も困難な問題さえもうまく解決できると広く信じられていた。この手法は、構成要素の分業、専門化、そして最適化により成り立っていた。構成要素間の相互作用が支配的でなく、かかる条件下での変化の割合が組織の応答性の範囲内であったときは十分に機能した。それゆえ、たとえ階層型組織のスピードが比較的遅くても、二〇世紀の顕著な特徴であった比較的安定した安全保障環境と足並みを揃えることができた。

情報化時代の到来とともに、安全保障環境の問題は非常に複雑でより動的な状況になった。これらの状況下では予測が不確実となり、それに伴って戦略的計画に対する旧来の手法の効果そのものが怪しくなってきた。この従来の手法、つまり「脅威主体の計画」は、つい最近まで国防総省の中では確固たる地位を築いていた。国防総省はごく最近になって、(4)「能力主体の計画」へ変わり始めた。これは正しい方向への一歩ではあるが、現在実践してきているように、依然として旧来の手法の好ましくない特徴が多く残っている。当面の課題は、①どのような能力を継続すべきか、そして②それをどのように決めるか、ということがあげられる。

しかし幸いなことに、PTEの手法を可能とする情報関連能力を配備する戦略的意思決定がなされてきた。これらの能力は、圧倒的に強化された軍の全構成要素群とそれら構成要素を支援する構成要素群の接続性、拡大された帯域幅、情報とプロセスの縦割り構造を破壊する相互運用性、そして協調環境をも含む。「まず最初に情報交換要求（IER）のためのニーズ（要求項目）を集約した後、個々のケースごとにこの要求を満たす」というやり方から「全構成要素群の接続性と組織全体にわたる相互運用性のためのニーズを受け入れる」やり方への移行は、戦略的計画への本質的な手法の移行を示している。これは、誰と誰が話す必要があり、あるいは働く必要があるかが予想可能であることをあらかじめ想定することから、ある状況が発生すればただちに対応可能な、頑健にネットワーク化された軍の必要性の認識への移行である。[5]

前もって予想を立てるやり方が役に立たなくなってきたということを認識し、受け入れることは、不幸にしてその他の物質的・非物質的投資のための計画と要求プロセスへと引き継がれてこなかった。未来は過去からの予想可能な延長線上にあり、それはすなわち、以前うまくいっていたのであれば今後もうまくいくはずだということが依然として広く信じられているということである。その結果、変革の提案者たちはもっとも高いレベルにいながら、真の変革よりもむしろ近代化と逐次的革新に対して強調がなされるという結果を生んできた。

あらかじめ要件を確認し、個々のプロジェクトごとに必要な能力と物質を調達することに継続して力点が置かれてきた結果として、私たちはいつ予測ができなくなるかを予測することを強いられている。この現状は、これらの手法が直面する状況下で十分にすばやく、そして／あるいは十分に迅速に応答できない場合に、伝統的な指揮統制手法（中央集権的計画と適応制御プロセス）を強要するようなものである。統制がどのように発現する必要のある特性であるかということを明示的に説いている（第11章で説明したような）情報化時代の指揮統制手法の探求と適用をまさに擁護したように、我々は破壊的革新を生み、育て、そして達成するのに必要な条件を達成しようと模索する新しい戦略的計画のためのアプローチを支持する。

本書執筆中に、この考え方を反映した民間部門の研究成果が私たちの目に止まった。"*Perspectives on Business Innovation*"[6] の第九巻においてメイヤーとデイヴィス[7]は、ある環境下での接続性が変化と変動の増大を加速してきたことを論じている。そこでは、より急激で多様な適応性と、ほとんど安定していないかあるいは非常に短い安定期間が、効果的な解決策の達成に資するという結論が示されている。彼らが説明する状況は、明らかに予測や事前計画に基づく対応の方法にはまったくと言っていいほど適さないものである。彼らは「適応型企業」と呼ぶものについて論じている。ＰＴＥも適応型企業も、工学的手法よりも「進化」という生物学用語で比喩される手法になじむ。それはどちらも革新し続けることが必要だからである。両者とも情報化時代の組織には、計画よりも試行が必要であるという結論を導く。組織が課題に対応するやり方は、ある種の概念に根ざした実験的試行により主導されるべきである。

実地検証、共進化、そしてＰＴＥ

ＭＣＰのパッケージが共進化するのにあわせて、ＭＣＰの多様な構成要素に対する要求項目もまた実地検証によって主導されるべきものである。組織へのＰＴＥ手法、指揮統制、情報配信、そして情報基盤構造に加え、国防総省が実地検証にどうアプローチするかということ自体にもＰＴＥ哲学を反映する必要がある。*“The Code of Best Practice for Experimentation”*(8)は、革新を開始し、洗練させ、そして十分に成熟させるために、概念を基盤とする一連の実地検証活動の一環として連携統合されねばならない様々な種類の実地検証活動がまとめられている。*“Information Age Transformation”*(9)に示されているＭＣＰを共進化させるためのプロセスは、現在の要求項目、調達、演習と訓練、そして試運用と評価プロセスを置き換えるためにデザインされた。このプロセスは、中央集権的、トップダウン的、そして工学指向的プロセスから離れて、ボトムアップに機能するプロセス、すなわち創意工夫の豊かさを生み出し、アイデアの種をまき、それらを育て、有望なものを選択し、失敗したものを取り除き、成功したものをさらに育むようなプロセスへ移行することをはっきりと認めている[10]。適切な一連の手段を利用する、経験に基づく（empirically-based）実地検証プロセスのみがこれを達成できる[11]。

訓練と演習を超えて教育と実地検証へ

容易に実現可能な範囲内での革新と、強化された能力を戦場へはるかに素早く配備するための試みの中で、国防総省のいくつかの組織は演習に実地検証を統合することを試みた。伝統的な演習を革新の孵卵器となりえる活動へ再設計することに価値があることは証明されてきたが、より多くの行動の自由を許すように作り直したとしても、演習の活用はより総合的な実地検証へのアプローチの代用ではなく、補完するものとして考慮すべきである。なぜならば、演習の流れの中では実地検証が生み出すような真に破壊的な革新のための十分な自由度を提供できないばかりか、ＰＴＥ原理とその実践において個人と組織を適切に訓練できないからである。

大多数の演習と訓練は、工業化時代の想定に基づいて現在の状態にまで共進化した。それらのほとんどが選ばれた任務行為、あるいは選ばれたシステム（これらの任務行為を達成するための最良の方法が既知であることを前提としている）において熟達度を進展させる書き記されたシナリオである。たとえ心情的には実地検証へのニーズにより指揮が執られていたとしても、演習と訓練はワークプロセスと指揮統制において非常に限られた変化しか許容してこなかったし、限られた一連の情況を探索することのみが可能であった。例えば、これまで演習に数多くの情報作戦（ＩＯ）を導入する試みがなされてきた。情報攻撃が生み出す混乱と不確定性は、試行されたことのないＩＯにおいて頻繁に発生してきた。加えて、しばしば敵軍を演じる側には制約が課せられる。繰り返して言うと、このような制限事項の背景となる理論的説明とは、「このようなふるまいにおける制限がなければ訓練そのものがだめになってしまう」というものである。

時に演習として、あるいは実地検証の実例として引用されるMillennium Challenge 02（ＭＣ０２）[12]において、敵軍は予期しなかったやり方で行動した。演習にありがちなことだが、演習におけるイベントの進行はしばしば停止され、軍はリセットされる。敵軍のふるまいは、演習中断のためにさらに抑制された。ＭＣ０２によって意味のある成果は何も得られなかったとまでは言えないが、国防総省がＰＴＥ組織へと変革するための告知と準備のためには演習の限界を理解しておく必要がある。

演習、訓練、そしてＰＴＥの実地検証の間に潜在的な矛盾が生じることを、これら活動に参画している多くの関係者は明確に理解していない。このような矛盾は、目的に関する観点の違いから生じる。本章で見てきたように、訓練の進行に関する目標と前提は、実地検証におけるそれらとはまったく異なるものである。もしあなたが、何かをするのに最良な方法を知っていると信ずるならば、あなたは間違いなくそれを教え、練習することを望むだろう。これが現在の訓練と演習の手法の基盤となっている。しかしながら、あなたがもしこの前提を拒否し、その代わりにたとえ何かをやる最良の方法を知っているとしても、もはや最良ではないかもしれないと信じるならば（急激な変化が起こりうることの認識、敵が適応する可能性の認識など）、訓練と演習は少なくとも教育と実地検証を伴うものでなければならない。このことは、「我々の知る最良の方法」を教えることに加え、個々人を教育し、そして実地に検証し、学び、そして適応する組織を生み出すこともまた必要であることを意味している[13]。

実地での検証を強調しすぎることは、新たな能力の実践的配備を遅らせるのではないかと危惧する人たちがいるかもしれない。しかし心配することはない。そのような人々が理解していないのは、実地検証とはＰＴＥ組織に不可欠で進行中の部分であるということである。実地検証（多様性と競争圧力の生成）は、変化に対処し、適応を促すのに必要な基本的メカニズムである。十分な多様性を生み出さない範囲に制限されている演習は、結果を適切に解析できず、ＰＴＥ原理を反映できず、そして活発な実地検証プログラムの進展にほとんど寄与しない。演習は変革の源として非常に価値がある。しかし現在の組織、現在の政策、そして関心のある特定のシナリオの流れの中で発生するので、演習における革新は未来へ向けた逐次的な近代化への道筋でしかなく、変革への道筋ではない。

■ノート

(1) 任務能力パッケージが最初に提案されたのは一九九五年、以下においてである。
http://www.dodccrp.org/MissCap.htm. (Apr 1, 2003)
Alberts, David S. *Mission Capability Packages*. Washington, DC: NDU Press Publications. January 1995.
Alberts, *Information Age Transformation*. pp. 74-77.

(2) Alberts, *Unintended Consequences*.

(3) CNN. January 31, 2002.
http://www.cnn.com/2002/US/01/31/rumsfeld.speech/ related. (Apr 1, 2003)

(4) *The Quadrennial Defense Review 2001*. Office of the Secretary of Defense, 30 September 2001.
http://www.comw.org/qdr/qdr2001.pdf. (Apr 1, 2003)
Wolfowitz Addresses Changing Defense Priorities. Jim Garamone American Forces [231] Press Service.
http://www.defenselink.mil/news/Nov2001/n11162001_200111163.html. (Apr 1, 2003)
Conetta, Carl. "The Pentagon's New Budget, New Strategy, and New War." *Project on Defense Alternatives Briefing Report*. No 12. June 25, 2002.
http://www.comw.org/pda/0206newwar.html#footnote9. (Apr 1, 2003)

(5) 「強固にネットワーク化された部隊」はＮＣＷ第一原理の仮定である。

（6） Meyer, "Embracing Evolution."

（7） Christopher Meyer & Stan Davis は Future Wealth and Blur の共著者である。The material this is drawn from was adapted from ここに述べた内容は情報通信技術、生物学、及びビジネスの収束に関する新著の原稿から改変して抜き出したものである。
Meyer, Christopher, and Stan Davis. *Future Wealth*. Boston, MA: Harvard Business School Press. 2000.
Meyer, Christopher, and Stan Davis. Blur: *The Speed of Change in the Connected Economy*. New York, NY: Little Brown & Company. 1999.

（8） CCRP, *Experimentation*. pp. 24–60.

（9） Alberts, *Information Age Transformation*. p. 75.

（10） マイヤーとデイヴィスはこの考えについて少し違った表現をしている。彼らは多様な試みを行い、サプライヤに競合品のプレッシャを与えて、選択肢の中で優れたものを選ぶようにすることを提唱している。

（11） *Network Centric Warfare Conceptual Framework*. Network Centric Warfare and Network Enabled Capabilities Workshop: Overview of Major Findings. Dec 17–19, 2002. OSD（NII）in conjunction with RAND and EBR, Inc.

（12） Plummer, Anne. "Expeditionary Test." *Air Force Magazine*. Arlington, VA: Air Force Association. November 2002. p. 54.
Schrage, Michael. "Military Overkill Defeats Virtual War; And Real-World Soldiers Are the Losers." *The*

Washington Post. Washington, DC: The Washington Post Company. September 22, 2002.

（13）「最強組織の法則―新時代のチームワークとは何か」ピーター・M・センゲ著（徳間書店）

第14章　未来に向けて

情報化時代の変革が真におよぶ範囲やその本質が国防総省や国内外の防衛組織にまで達するにつれ、パワートゥザエッジ（ＰＴＥ）原理の採用に対する必要性が除々に明確になってくる。その結果、これまでにも増して変革を可能にするものへの支持は確かなものとなるだろう。それらはすなわち、強化された相互接続性と相互運用性、より緊密化した協調プロセス、そして真の意味での実地検証などが相当する。

いかなる集団においても変化の導入は段階的に進む。まず新しいアイデアや可能性が創発される。続いて「新し物好き」と呼ばれる一部の者がそれらの新規性を認知する。次に、影響力のある「オピニオンリーダー」がそれを支持するようになり、新しいものが次々と導入される。普及が進むにしたがって新規性への抵抗感がなくなり、他方、新規採用することに付随する費用およびリスクが抑えられる。このような好循環を通じて、一部の例外（頑固で厄介な人々）は別として、最後には集団全体が新しいアイデアを受け入れるようになる。特にＰＴＥの普及を促すためには、新しい情報伝達手段、すなわち情報基盤を導入する必要がある。その結果として、情報を共有し、協働し、そしてＰＴＥの

原理を追求しようという欲求が臨界点に達すると、この変革の流れは堰を切ったように進み始めるだろう。(1)

とはいえ、臨界点に達するには多少の時間を要するに違いない。実際、NCWの理念についての議論が広く行われるようになって四年以上(訳註・原書の出版は二〇〇三年)がたつが、なおNCWが何たるかについての誤った理解や情報が錯綜している。言語としての英語の曖昧さ、国防総省内のあまりにバラバラな経験や専門性、そして説得力のある決定的意見の欠如がその混乱に拍車をかけている。

「認識的不調和」と呼ばれる現象がある。これは、人が既知の知識や信念と相容れない情報や意見に出会ったときに誤った理解や論理展開に基づく概念や方針に執着してしまう現象で、人間心理の自然な反応である。国防総省がエッジ型組織となるためには、まず、省内のPTE原理に対する理解を深めることが重要であり、まさにそれに資することが本書の目的であった。

著しい技術的な進歩が起こった後に初めに立ちはだかる障壁は、文化または制度に由来するものである。変革を実現するためには何とかしてこれらの障壁を取り除く必要があり、そのためには教育の充実だけでは十分でない。新しい組織文化、規範を確立するためには、報酬と評価のあり方を変えていかなければならない。そしてそれらはPTE原理の探求に資するようなものでなくてはならない(例えば情報共有、協業、忠誠心、そして組織あるいは組織間の関係についての望ましい姿勢や行動といったものがそれに相当する)。さらにこのような望ましい行動に対しては適切な動機づけが必要である。

時々の評価は新しい概念の理解を深める上で重要である。物理領域、情報領域、認知領域、そして社会領域の各領域における評価指評の定められた「ネットワークセントリック的戦争（ＮＣＷ）」の概念フレームワーク[2]を継続的に発展、改善していくことは、この概念を広く普及させることと同様に最も重要な活動である。

さらに、研究および実地検証には、とりわけ十分な配慮と資源の投入が求められる。幸いにも、国防総省という組織の組織的かつ制度的な多様性は、ＰＴＥとＮＣＷの想像、評価、改善、そして実装に必要となる頑健な組織構造というものを提供してくれる。しかしながら、新しい知識を生み出し、応用するためのいかなる取組も、厳密な研究および実験プログラムなくして成功はありえない。ここで、様々な組織、機関がそれぞれの領分の中で何ができるかという課題[3]を提示しよう。これが達成されればエッジの相互作用が促進され、上層部のみならず組織全体の連携が強化されることにより、事態がすばやく処理されるようになる。これら行動計画に含まれるべき事項を以下にあげる。同時に、これらはＮＣＷの概念フレームワークを構成する重要な要素でもある。

①「頑健にネットワーク化された軍隊」の内容を検討すること。
②情報共有と協業が、情報の質を改善するメカニズムを検証すること。
③ＰＴＥ組織において、状況認識（認識の共有、理解の共有、共有された上層部の意思決定）が効力を発揮する仕組みを理解すること。
④ＰＴＥの原理を採用する上で必要な教育、訓練、政策的実装方法を検討すること。

⑤　指揮統制手法の多岐にわたる側面の検証が可能なモデル化およびシミュレーション技法を開発することと。
⑥「自己同期化」のための必要条件およびその効果を明らかにすること。
⑦　最近の紛争、平和維持活動、国家再建任務において、ネットワークセントリックおよびＰＴＥ原理が適用された軍や軍の構成要素に関する事例のケーススタディを通じた文書化を行うこと。

国防総省の変革は今後も間違いなく続く。問題は、変革に何年かかるのか、情報化時代への対応を具体的にどのように行っていくかである。二〇五〇年の未来から振り返ってみれば計画的で秩序立った道筋の中の一つであったことがわかるだろうが、二〇〇三年の現時点では、混沌とした状況のように見える。しかし最終的には、エッジ、すなわち最前線の兵士達や情報優位を生み出し活用しようとするパイオニアによるリーダーシップによって強力に推進されていくに違いない。

■ノート

(1) Mandeles, Mark. “Military Revolutions During Peace-time: Organizational Innovation and Emerging Weapons Technologies.” Office of Net Assessment. 1995.
http://members.aol.com/novapublic/prod02.htm. (Apr 1, 2003)

(2) Network Centric Warfare Conceptual Framework. Network Centric Warfare and Network Enabled Capabilities Workshop:Overview of Major Findings. Dec 17-19, 2002. OSD (NII) inconjunction with RAND and EBR, Inc.

(3) From President to Private.

解題

ビジネス戦略としてのNCW／PTE

アルバーツとヘイズがセブロウスキーのコンセプト(1)により、前著*Network Centric Warfare*(2)に続き本書を執筆した目的は、冒頭に記されているように、軍事戦略としてのNCW／PTEを様々な誤解を解きつつ関係者へ啓蒙するためである。そのため、軍事分野に軸足を置いた話の展開となっており、一見ビジネスとは無関係に見える。しかし、二十一世紀の世界情勢の複雑さはICT（Information and Communication Technologies）の爆発的普及により指数関数的に増大し、安全保障環境は人間の思考スピードを遥かに超えた次元で変化している。軍や国家がこの環境変化にどのように適応し続けていくのかという命題は、熾烈なグローバルマーケットで生き残りをかける企業の命題と重なる。

本書をビジネス戦略応用の視点で改めて眺めてみると、われわれが民間転用への可能性を感じたように、あちこちに激動の時代を生き抜くためのヒントがちりばめられていることに読者も気づくだろう。元々軍事戦略の指南書である『孫子の兵法』(4)やクラウゼヴィッツの『戦争論』(3)が経営戦略の参考書として読まれていることを考えると、NCW／PTEも情報化時代におけるビジネス戦略の参考になると感ずる次第である。

読者の中には、本書がかなり高次のコンセプトに留まっている点に少なからず物足らなさを感じる方もおられるかもしれない。その理由の一つとして、NCWがこれから半世紀は要すると推測される大規模かつ大幅な価値観の変革である点（第14章）が挙げられる。これまで別領域として扱われてきた様々に異なる領域での取り組みを有機的に結び付けて活動するには、一朝一夕には成しえない文化や思考の転換を要する。産業革命をこえるこの静かなるパラダイムシフトを、『Ｗｅｂ進化論』[5]の梅田は「ネットのむこう側」の「もうひとつの地球」と表現している。そこでの経済活動は、社会構造や実体経済に少なからぬ影響を及ぼし始めている。しかし、その新たな価値創造の構造は既存世界の延長にはなく、何ものにも似ていない。したがって、本質的な変革には世代の移り変わりを必要とするだろう。

クラウゼヴィッツは『戦争論』において、「政策の一手段としての戦争の本質はいつの時代も変わらないが、戦争の様相は時代と地域によってカメレオンの表情のように変わる」と述べている。工業化時代と情報化時代においてそれぞれの時代を代表する技術の定量的変化を比較すると、その違いが明らかとなる。工業化時代を代表する移動技術を例にとると、一八二九年のスティーブンソンによるロケット号（時速六～七ｋｍ）から現代のリニアモーターカー（時速約五〇〇ｋｍ）の速度で比べてみても、二〇〇〇年間でたかだか一〇〇倍である。しかし情報化時代の申し子であるＩＣＴはムーアの法則[6]やギルダーの法則[7]が象徴するように、ＰＣの登場した一九八〇年以降のわずか三〇年の間に、計算機の処理能力はキロバイトからテラバイト（ＴＢ）へと十億倍にもなっている。[8]この爆発的な

「量」の変化は社会に「質」の変化をもたらした。情報化時代の到来である。社会環境は行きかう情報へ強く依存するようになり、変化が常態となったのである。その結果、「霧と摩擦」[9]が著しく増大した。そして現代の企業は、このような変化へ適応し続けねばならないプレッシャーにさらされることとなった。

ネットワークセントリック的戦争とは

NCW／PTEを理解する上で重要なのが図14の四層モデルである。本書は組織の活動領域を「物理領域・情報領域・認知領域・社会領域」に分け、これら領域内・領域間の相互運用性実現と、それによってもたらされる「エッジ組織」（後述）が、いかに俊敏に環境変化に適応し、その活動が活性化されるかを論じている。

「物理領域」とは「もの」のある現実世界、「情報領域」は情報が電子的にやりとりされる、いわば仮想空間である。さらに、「認知領域」はこれらの情報を人間が取り込んで状況を認識し、考え、そして判断を下す心の世界を示す。最後に「社会領域」は、これら個人が集まる社会で、コミュニケーションが発生する領域である。これまで組織論などは社会領域、ICTは情報領域の話として個別に語られてきた。しかしながら、戦争のみならず、民間組織の活動も四つの異質な領域すべてで発生し、それらが相互に影響しあう。

例えば企業の業務支援システムを例にとると、構築したシステムが現実の業務の流れにマッチしないことでかえって業務効率が低下し、システム導入に失敗するということがある。この例はまさに情報領域、認知領域、そして社会領域間での連携の欠落による大域的最適化の失敗例である。つまり業務フロー（社会領域における組織論的ネットワーク）は情報システムの仕組み（情報領域におけるシステムのネットワーク）と密に相互連携しており、新たな情報システムの導入に伴って、組織構成やビジネスプロセスも適宜柔軟に変えていかねばならないということを示唆している。ＮＣＷは、従来、個別の学術分野として分け隔てられていた四領域全体の大域的最適化を目指し、領域横断的な戦略を模索している点で革新的なのである。ＮＣＷは大域的最適化のために、次の「メトカーフの法則」(10)を一つの拠り所としている（第７章「相互運用性」）。

「ネットワークにノードを追加するコストはノード数 n に比例するが、これら n 個のノードが相互接続して生まれるネットワーク全体の付加価値は n^2 に比例する。」

これを組織活動の側面から言い換えるならば、

「組織を構成する要素が相互に協調して活動をしなければ、その組織が生み出す価値は足し算にしかならない。しかし構成要素同士が相互運用性を高め、シナジーを生み出すよう協調し活動すれば、組織の生み出す価値はその構成要素の数の二乗に比例して増大する」

となる。ここで、本書では組織の構成単位を人ではなく要素（entity）と書いていることに注意されたい。

工業化時代を特徴付ける「もの」に立脚した思考を「プラットフォームセントリック戦略」と呼ぶ。その代表的な例が、事前のシナリオ立案に基づく「脅威主体の作戦（Threat-Based Operation、ＴＢＯ）」である。これに対し、情報化時代を特徴付けるのは、四領域全体にわたる組織活動のネットワーク化であり、ゆえに「ネットワークセントリック戦争（戦略）（ＮＣＷ）」と呼ぶのである。ＮＣＷは「情報」に思考の軸足をおいている。その中心となるのが「効果主体の作戦（Effect-Based Operation、ＥＢＯ）」である。ＥＢＯでは、作戦遂行のために兵器・兵士・その他物資のみならず、交戦規則や各種情報など有形無形のリソースを「任務能力パッケージ（Mission Capability Package、ＭＣＰ）」としてまとめ、戦況に応じてパッケージの内容・割り当てを動的に変更する。

パワートゥザエッジとは

「霧と摩擦」が増大し、社会環境がめまぐるしく変わるような状況依存性の高い環境で組織に必要とされるのは、このように動的な環境に動的に対応し続ける力、「俊敏性」である（第8章）。そしてこの俊敏性を達成するには、図14の全領域内・間での「相互運用性」の達成が重要となってくる（第7章）。この相互運用性は、ＩＣＴによる「post before processing（処理する前に発信する）」的ビジネスプロセスによって可能となる「状況認識の共有」により達成される。最終的にこの組織構造とビジネスプロセスが調和し、組織活動の最前線（エッジ）の自己同期化したプロアクティブで創造的活動を生み出すのが、エッジへの「権限委譲＝パワートゥザエッジ」である。権限の委譲は特に認知領域での活動を著しく活性化する。つまりＰＴＥとは、ＮＣＷ実現のための具体的方法論といえよう。

工業化時代は世の動きも遅く、中央集権的なやり方で情報を集めて判断を下し、再び末端に指示が伝わるまでの間、世の中が待ってくれた。しかし情報化時代において、たった一人のスーパースター（あるいは独裁者）への依存は、かえって組織活動のボトルネックとなる（第5章）。スーパースターに依存する組織は、その表面的組織形態とは無関係にスター型構造（図32）となっている。組織構造と問題解決能力は密接に関係しており、例えばバヴェラスら[11]がその関係を明らかにしている（後述）。

エッジへの権限委譲と俊敏性達成の重要性は、チャールズ・クルラック将軍が述べた「三ブロックの戦争（Three-Block-War）[12]」（第4章）という概念に表されている。「三ブロックの戦争」とは、「戦争以外の作戦（ＯＯＴＷ）」が常態となった今日の戦闘において、最前線の部隊が、分隊レベルの狭い責任範囲（市街地の数ブロック）で、戦闘行為のみならず、反政府組織や民族解放戦線からの市民の保護、多国籍部隊との連携、そしてＮＧＯ等と連携した医療活動や食料支援など、多様なミッションを同時にこなさねばならない状況を示す。このような状況では非常に短いサイクルで多くの決断を伍長が下さねばならない。そのため分隊が自己同期的にかつ俊敏に活動できるよう、時々刻々と変化する状況を的確に把握すると同時に、戦闘空間全域にわたってその他の分隊と密な相互運用するための「状況認識の共有」が伍長や分隊に必要である。そしてそれに基づく判断・決定・行動を可能にする「権限委譲」が必須である。そのため伍長には高度な能力を持つ「戦略的伍長」であることが求められている。また兵卒にも、ナポレオン時代とは対照的に様々な知識や総合的判断力が必要とされる。

ビジネスにおける工業化時代と情報化時代の違い

実はビジネスにおいても、ＮＣＷに相当する、本質的な戦略転換の必要性が論じられている。一つの例として、「スマイルカーブ理論[13]」（図31）があげられる。

スマイルカーブ理論の主張をＮＣＷ的に言えば、自社製品の「ものづくり」に軸足を置いたプラットフォームセントリックな考え方を転換し、「ネットの向こうの規模の経済」と連携した思考ができなければ、ただ単にものづくりがうまいだけの企業は、ネットの向こうのロジックにより臨機応変な戦略にもとづき活動する企業の下働きとなり、結果としてグローバルな市場競争の中で淘汰されると言い換えることができるだろう。

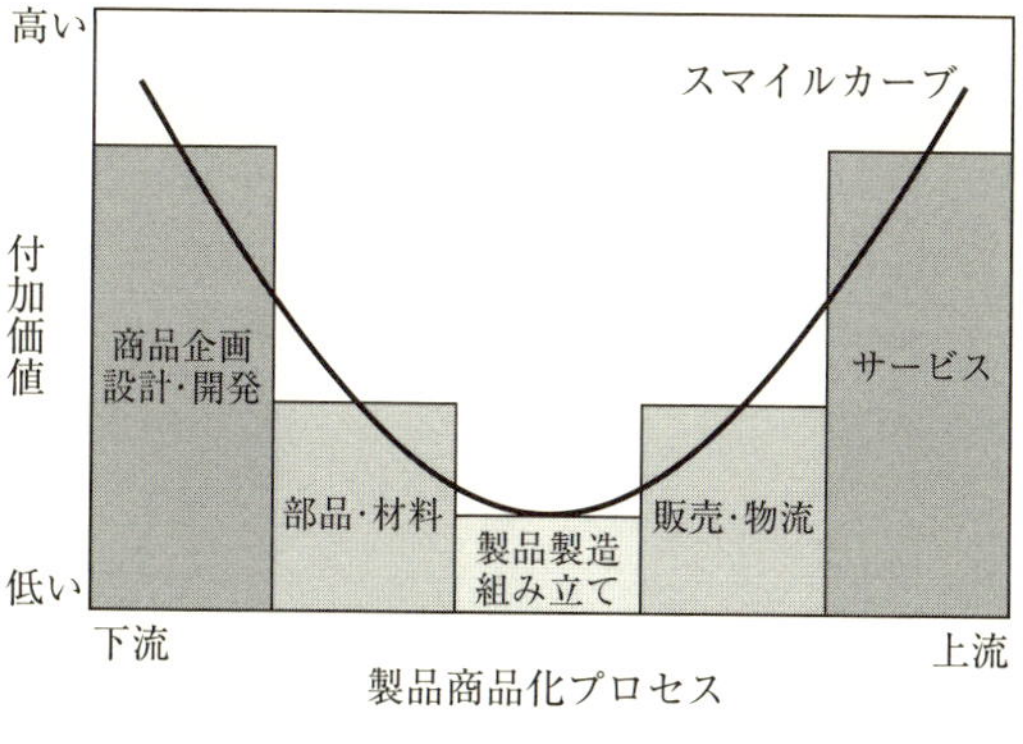

図31　スマイルカーブ

スマイルカーブの底辺にあたる企業の戦略は、例えば品質のよいパソコンや自動車といった「もの」が思考の中心であり、プラットフォームセントリック戦略であると言える。一方カーブの右端は、これら「もの」も有形無形のビジネスリソースの一つとしてとらえ、市場ニーズの変化に応じてこれらを組み合わせて市場の変化に適応しようとするネットワークセントリック戦略であると言える。ＩＢＭがハードディスク製造事業を日立へ、ＰＣ事業部門をレノボに売却した背景には、旧態依然とした戦略からの転換の意図があったと推察される。

また、新たな活路を見い出すためのビジネス戦略として、「ブルーオーシャン戦略[14]」も興味深い。ブルーオーシャン戦略はＷ・チャン・キムとレネ・モボルニュ（フランス欧州経営大学院）が二〇〇四年に提唱したものである。ブルーオーシャン戦略が提唱するのは、既存マーケットでの逐次的積み重ねではなく、広々とした青い海を進むがごとく、ライバルのいない新規マーケットを「バリューイノベーション（価値革新）」によって新た開拓するものだ。困難な時代のチャンスを既存の価値観の外に見い出すという点で、ＮＣＷ／ＰＴＥの戦略と通ずるものがある。

情報流通形態の変革

いったいＩＣＴの何が新たな時代をもたらしたのだろうか。ひと言で言うならば、それは情報流通形態の本質的変革である。具体的には「スマートスマートプッシュ（smart smart push）」型情報配信から、「ポストアンドスマートプル（post and smart pull）」型情報配信への移行である（第5章）。身近な例で言えば、アップルのｉＰｏｄの成功もそこにある。

ある情報の価値の有無や、誰がその情報を欲するかは、社会を取り巻く環境変化に大きく左右される。そして環境の変化が早くなり常態化すると、組織活動において、その影響は無視できなくなってくる。これが「状況依存性」であり、状況依存性の劇的増大は情報流通形態を一八〇度転換した。結果として、「あらかじめ準備する」シナリオ主体の戦略を破綻させた。情報を所有することの意義は薄れ、とりあえずそのまま「処理する前に発信する」しかない（第5章）。いまや情報流通の主導権は、情報の受け手に完全に委ねられている。必要とする側が、状況に応じて即座に取り出せることこそが必要なのだ。

新旧二つの戦略が命運を分けた典型的例として、人力索引のＹａｈｏｏに勝利したグーグルがあげられる。グーグルはネットのあちら側に情報発電所を作ったのだ(15)。また、アップルのｉＰｏｄも、音楽という情報の状況依存性へ着目した戦略が成功した例だ。一昔前では考えられなかったほどの大容量のハードディスクをプレーヤに内蔵することで、ほとんどの人は実用上、自身の所有する音楽リソースをほぼすべて持ち歩くことが可能となった。聴きたい時に聴きたい曲をいつでも楽しめるから、シナリオにもとづき「出かける前に選ぶ」というコストのかかる作業が不要となった。ＩＣＴによる量の変化が質の変化へ転換した良い例である。つまり「情報市場への移行(16)」が情報化時代の経済活動の要であり、それは「ネットのあちら側」で起こっているのである。これを理解せずして、ネットのこちら側の形式的戦略に終始しても情報化時代の環境変化に適応できないだろう。

社会環境の変化が組織活動に及ぼす影響

企業の組織活動とは、社会という環境とのインタラクションによってビジネスチャンスを見い出し、価値を創造し続けることだ。したがって社会環境における組織の状況依存性の増大がその活動にどのような影響を及ぼすか、考えてみる必要がある。

社会学の組織論においては、組織構成員のメンタリティが組織の問題解決能力に影響を及ぼす重要な要素の一つであることが広く認識されている。バヴェラスは、組織の構造と、その組織が有する問題解決能力についての関係を明らかにしている（図32(11)）。企業に典型的な階層型では、定型的問題解決能力には優れるが、創造的問題に対しては能力が低く、変化への対応が良くない。一方、ネットワーク型は、創造的問題への対処能力が高く、変化への対応が早いとされる。また、近年ワッツとスト

	ライン形	スター型	ネットワーク型	階層型
			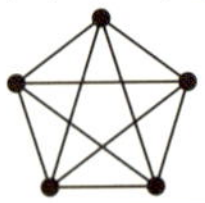	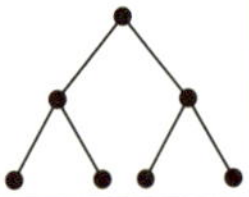
組織化	遅い・安定	早い・安定	生じ難い・不安定	早い・安定
リーダー	決まりやすい	明確	決まりにくい	決まりやすい
課題解決能力	遅い・正確	簡単な問題は早く 創造的問題は低い	網羅的情報集めは苦手 創造的問題は時に有能	簡単な問題は早く 創造的問題は低い
成員の満足度	低	中心は高 他は低	高	上位は高く 下位は低い
変化への対応	良くない	最低	最も良い	良くない
モラル	低	最も良くない	高	低

図 32　組織構造と問題解決能力

ローガッツのスモールワールドモデル(17)に端を発する複雑ネットワーク理論の研究成果は、ネットワークの構造が内包する特質を明らかにし、組織というネットワーク構造に改めて注意を払うことの重要性を示唆している。そして西口はNCWと複雑ネットワーク理論との関連について国内で初めて言及している(18)。企業は、不確定性の大きい困難な状況においてもなお、継続的に価値を創造していかねばならない。したがって、情報化時代の社会環境に俊敏に対応するにはネットワーク型組織がより適しているといえよう。

　ここで、NCW四層モデルにおいて重要な「認知領域」について考えてみる必要がある。組織構造とは、一般的に社会領域における形式的な決め事＝組織図であるが、実質的に価値創造へむけた前向きなベクトルが組織に醸成されるのは、構成員一人ひとりの心の中、つまり認知領域である。しかし、これまで認知領域の課題について、組織戦略の中で明示的に語られることはほとんどなかったのではないだろうか。

　戦後、高度経済成長期を通じて終身雇用形態を堅持していた日本企業においては、組織構成員の忠誠心も高く、企業組織トップの強いイニシアチブによる強権発動は有効であった。しかし今日の雇用形態の流動化やオープンソース開発のような既存の経済活動とは異なる価値創造の枠組の台頭は、個々人の価値観の多様化が顕在化していることを端的に示している。また軍と異なり、企業組織は構成員の自由意志によって形作られている点にも注意を払う必要がある。

ある意味、終身雇用形態は組織というネットワークをながらく静的に固定化してきた。しかし価値観の多様化は、組織というネットワーク構造を動的なネットワークへと変質させた。構成員＝ノードを静的に繋ぎ留めていたこの固定鎖は消失しつつあり、自由運動状態にあるノードを組織の形として維持し続ける戦略には認知領域への配慮が不可欠だ。それこそがノードの知的生産性を刺激し、創造的活動に対するインセンティブを生み出す「実質的な」権限委譲である。強権発動は認知領域への配慮を欠き、形式的な階層化構造と、認知領域におけるスター型構造という矛盾した二つの構造の混在を生ずる。その矛盾は、自ずと中間管理層やワークプロセスの形骸化を生み、そして組織末端の自律性やプロアクティブな動きは失われる。エッジではやらされムードが強くなり、「笛吹けど踊らず」の状態となる。スター型構造は組織を、ボスの情報処理能力が律速となった鈍重で抜けの多い官僚的組織に変質させる。やがて組織の競争力は失われ、市場の競争から脱落し、そして崩壊への道を辿る。つまり、情報化時代においては新たな個と組織の関係が必要なのだ。

一方、ＮＣＷ／ＰＴＥでは、「情報の共有」を越えた「状況（認識）の共有」と権限委譲により、ノードの自己同期的活動を促す。これは組織内の相互運用性を著しく高め、環境適応のための俊敏性を増大させる。組織のトップはエッジに対するマイクロマネージメントを避け、ノードが自己同期化して活動できるよう初期条件の整備に徹する。これが情報化時代のエッジ組織である。

一瞬のミスが命取りとなる軍と比べて、組織の理念や危機状況といったものが個人のモチベーションに必ずしも直結しない企業組織のリンクは脆い。「組織は人である」という言葉があるが、PTE／NCWは、まさにこの点にも配慮した戦略である。近年、民間組織との連携や民間分野への応用の試み(19)もはじまっている。二十一世紀の霧と摩擦の時代において、NCW／PTEは、ピンチをチャンスに変え、価値を創造し続ける情報化時代の組織へと進化するための羅針盤なのだ。(11)

■解題参考文献

(1) Cebrowski, V., Authur, K. and Garstka, J. John: Network Centric Warfare: Its Origin and Future, Proc. of the Naval Institute, Vol. 124, No. 1, Jan. 1998, pp. 28. 35.

(2) Alberts, S. David, et. al: Network Centric Warfare, Command and Control Research Program, May 1999. 邦訳は『災害と軍事革命』（早稲田大学危機管理研究会、二〇〇五）

(3) Clausewitz, Carl von. (Howard, E. Michael and Paret, Peter, eds.): On War, Princeton University Press. 1976

(4) 中森鎮雄『クラウゼヴィッツ 強いリーダーの条件』経済界、March

(5) 梅田望夫『Web進化論』筑摩書房（二〇〇六）

（6）「計算能力は18ヶ月ごとに2倍になる」

（7）「通信能力は1年ごとに3倍になる」

（8）廣瀬通孝『空間型コンピューター「脳」を超えて』岩波書店（二〇〇二）

（9）「不確定性とそれにともなう混乱」を表す軍事用語、第1章

（10）イーサネットプロトコルの発明者で3Ｃｏｍ創設者であるＲ・メトカーフが一九九五年に提唱。

（11）Bavelas, A., "Communication Patterns in Task-Oriented Groups", J. the Acoustical Society of America, Vol. 22, pp. 725-730（1950）
Leavitt, Harold J., "Some Effect of Certain Communication Patterns on Group Performance", J, Abnormal and Social Psychology, pp. 38-50（1951）

（12）Krulak, Charles C.: "The Strategic Corporal: Leadership in the Three Block War." Marine Corps Gazette. Vol 83, No 1. Jan. 1999, pp. 18-22.

（13）台湾ＡＣＥＲ社の創業者であるスタンシー会長が述べた理論。製品商品化プロセスの下流から上流にいたる製品企画、部品製造から製造、サービス等の工程を横軸に並べ、縦軸に各工程での付加価値を取ると、真ん中の製造・組み立ての収益率が低いことを示すグラフ。カーブが笑った口に似ていることからスマイルカーブと呼ばれる。特に電子産業に特徴的であると言われている。

（14）W・チャン・キム、レネ・モボルニュ『ブルー・オーシャン戦略』ランダムハウス講談社（二〇〇五）

(15) ニコラス・G・カー『クラウド化する世界』翔泳社（二〇〇八）

(16)「はじめに」の後半部分、「我々はいくつかの独占的情報提供者（への依存）から、情報市場へと移行していかねばならない。」

(17) Watts, J Duncan and Strogatz, H. Steven, "Collective Dynamics of 'small-world' networks", NATURE, Vol. 393, June 1998, pp. 440–442

(18) 西口敏宏「ネットセントリック戦略」一ツ橋レビュー、二〇〇四年夏号（五二巻一号）pp. 48-63.

(19) 萩原孝信、青木和夫「NETCENTS型生活習慣予防システムのコンセプト開発―在宅医療との融合化への解決策」日本大学理工学部学術発表会論文集平成一七年版 D2-40、pp. 432-433、（二〇〇五）
苑田義明「価値を生み続ける俊敏な組織への変革。Network Centric Strategy」コンピュータソフトウェア、Vol. 24 No. 1, Jan. 2007 pp 12. 23

訳者あとがき

九〇年代以降、戦闘は昔ながらの正規軍同士の戦いからゲリラ戦へと移り変り、現在はテロ攻撃と対テロ戦闘が主流になっている。このような戦場の形式では敵の動きも味方の状況も予測不可能である。また湾岸戦争以来、現代の平和維持活動は戦闘や防衛だけではなくなっており、そのほとんどは単一の国家の単一の軍だけで行うことは不可能である。ほとんどの軍事活動が、複数の国、陸軍と海軍など様式を異にする隊、場合によってはＮＧＯまでをも交えた混成チーム単位で活動する、人道支援・災害復興なども含めた総合的活動となっているのである。従来型の軍隊組織と意思決定手段では、現代の軍隊が置かれた環境へ対応しきれないのである。

一方で情報通信技術の進歩により、兵士の行動する現場でも適切かつ豊富な情報が得られるようになった。クラウゼヴィッツの昔から、戦場では「正確かつ必要な情報は得られないもの」というのが通念であったが、もともと軍事用であったインターネットが民生用インフラとして発展したことにより、軍事用と民生用でＩＴ技術の相互乗り入れが進み、組織内外から安価で正確な情報が容易に得られ、かつ迅速に処理加工することが可能となった。この進歩を基に、軍事活動ではネットワークを活用して、情報を瞬時に把握して変化を捉えることが重要になっていったのである。このようにして変わっていった戦闘の形が「Network Centric Warfare（ＮＣＷ）」である。

これらが本書で説明されるパワートゥザエッジ（ＰＴＥ）の背景である。ＰＴＥとは、環境や状況の変化を事前に予測して必要な対応を的確かつ洩れなく計画することではなく、予測せざる変化をその場で「検知」してそれに「迅速」に反応するということへ、軍隊の行動の主眼を移した行動原理である。従来の軍事行動では、大局を見渡せる中央司令部が現場の兵士から情報を集め、判断を下して指示を送ることになっていた。軍の情報通信機能は、司令部へ情報を送ることと指示を受け取ることだったのである。

伝統的な軍隊では、指揮命令（command and control）系統はこのように静的なものだったが、現代では判断と情報処理・加工・分析のほとんどを戦闘現場で行い、その場で判断するという動的なものに変わってきた。組織はまた、状況や情報の存在する密度、情報へのアクセスなどに応じてその構造を変えていくという意味でも動的なものに変わっている。さらにまた、ここでは海軍と陸軍、あるいは工兵と歩兵とパイロットなど、それぞれの専門的な活動に向けて最適化されていたプロセスや個々の組織構造、語彙などの壁を取り払って、非軍事組織との間でも円滑にコミュニケーションを取りうるような相互運用性が要求されるようになった。

この思想は、安定と頑健性、そして役割への最適化という従来型の軍隊の方向性を一八〇度変えるものと言える。技術革新と戦争の形態がこのような方向に変わって久しいが、二十一世紀になってようやくこれが定着し、成果を上げるようになるまでは、国防省や政府内にも相当の抵抗勢力があったものと見られ、改革者の苦労が偲ばれる。

軍事には疎い翻訳者チームではあったが、階層構造と統制が他のどこよりも厳しく求められるイメージのある軍隊で、このように大胆な権限委譲がなされていることには驚きを感じた。しかし本書では、歴史に残るような軍事作戦上の偉業はこの方式によるものであったとしている。紹介された例は「トラファルガーの海戦」だが、歴史の上では日露戦争の海戦を初め、戦力的・資源的不利を情報力と俊敏さで克服し、勝利した偉業には事欠かない。一見斬新なPTEの概念は、実は「敵を知り己を知れば百戦危うからず」という、孫子の昔から続く普遍的原理とも言える。

かつてはネルソン提督のような偉人にして初めて可能であったこれらの行動が、ITの力を駆使し、制度やルールによってそれらをサポートすることによって、普通の現場司令官にも可能になるのがPTEの提案する組織とプロセスの形態である。

このように融通無碍を旨とするPTEの理念であるが、本書ではまた、昔ながらの縦割り式統治機構を持った組織とも連携が取れなければならない（実際にそのような場面も相当の確率で発生する）として、真のPTEは縦割り型官僚組織とも適切に協働できることを要求している。誠に徹底した柔軟さである。

利益や売上を最終目的とする企業組織で、また数字で現わしにくい成果を追及する福祉・医療・セキュリティなどの組織では、この指揮統制方式を応用するにはもう一段研究と考察が必要であろう。しかし、いかなる目的を持つ組織においても情報化に対応しなければ、適切に機能することはできない。本書の中で、PTE／NCWとそれ以前の組織形態を「情報化時代」および「工業化時代」に分けていたことは象徴的である。本書に紹介されている例では、安定した組織構造で最適化や綿密な計画によって業務を行うよりも、動的な組織形態で情報の共有と迅速な対応を重視した組織の方が競争優位を収められるという研究結果もある。

営業や政治、行政、医療などを目的とする組織が情報化時代に適合する努力を重ねているが、ここまで徹底的に変革を行った例は稀であろう。一部企業では、この方法論を使って組織変革を遂行することをコンサルティングパッケージにしているところもある。このPTEの事例を基にして、斬新かつ合理的な組織設計が可能と信じている。この点は大いに興味をそそられるところである。

「PTE研究会」として、さまざまな職種の有志が三々五々集まってスタートした本書の翻訳の試みは、本書にて表現された概念を読み解く作業を含め、足掛け三年余を要した。エッジとは何か、ストーブパイプは自身の組織にも思い当たるなどなど、「今時の戦争の方法論」にとどまらず、企業組織論としても含意が深いという当初の我々の「読み」は正しかったように思う。また、科学的・総合的に「戦争・国家の安全保障」にアプローチする思想のスケールに、日米の彼我の差も感じた。

翻訳者チームのメンバーはそれぞれ本業を持ち、遠隔地のメンバーもいて、かつ英語力にも相応の格差があったが、訳文の推敲については苑田、五太子が担当した。この度、幸運にも東京電機大学出版局より出版の誘いを頂き編集課の菊地氏には多大なるご尽力を頂いた。

また、「PTE研究会」では、当初より東京大学国際・産学共同研究センター教授の安田浩先生（現・東京電機大学教授）のご知見をご教授頂いたご縁から、本書の監訳をお願いした。ここに感謝申し上げる。

【英数字】

【な行】

【は行】

【ま行】

【ら行・わ行】

索　引

〈訳者紹介〉

●監訳者

安田《やすだ》　浩《ひろし》

学　　歴　東京大学大学院工学系研究科電子工学専攻博士課程修了（1972）

職　　歴　日本電信電話公社（1972）
情報通信研究所所長（1995）
東京大学教授（先端科学技術研究センター）（1997）
東京大学国際・産学共同研究センター長（2003-2005）
東京電機大学未来科学部教授（2007）
東京大学名誉教授（2007）

主な著書　『企業リスクとIT統制』アスキー出版（2007）
『コンテンツ流通教科書』アスキー出版（2003）
『ブロードバンド＋モバイル標準MPEG教科書』アスキー出版（2003）
『新世紀ディジタル講義』新潮社（2000）
『標準インターネット教科書』アスキー出版（1996）
『ディジタル画像圧縮の基礎』日経BP社（1996）
『MPEG／マルチメディア符号化の国際標準』丸善（1994）
『画像符号化技術—DCTとその国際標準』オーム社（1992）
『マルチメディア符号化の国際標準』丸善（1991）

●翻訳総括

苑田《そのだ》　義明《よしあき》

学　　歴　福岡大学工学部電子工学科卒業（1987）
　　　　　九州大学大学院工学研究科情報工学専攻修了（1989）
　　　　　修士（工学）

職　　歴　平成元年に三菱重工業（株）に入社、技術本部システム技術部、先進技術研究センターを経て、現在長崎研究所に勤務。製造業の聖域である現場へのICT普及により企業の価値創造力強化を狙う。モバイル・ウェアラブル・VR技術などの研究開発と実用化に一貫して従事。

五太子《ごたいし》政史《まさひと》

学　　歴　東京大学農学部農芸化学科卒業（1984）
　　　　　英国ウォーリック大学ビジネススクール修了、MBA（1993）
　　　　　情報セキュリティ大学院大学博士後期課程在学中（2006）

職　　歴　食品会社の情報通信プロジェクト、研究開発を経てシンクタンク研究員、セキュリティソフト会社技術課長などを経験後、現在中央大学研究開発機構　専任研究員。情報通信セキュリティ及び暗号技術の研究と教育に携わる。

●翻訳担当者（五十音順）

石橋雄一郎（株式会社東芝）
岡本　映一（関西ビジネスインフォメーション株式会社）
郡司　幸雄（オフィスキンバートン）
志賀　靖生（日本オラクル株式会社）
島田　仁章（株式会社リョーイン）
成毛　慎一（共同印刷株式会社）
萩原　孝信（PTE研究会主催，Tashkent Bank College客員教授）
半田　宏文（パリッシュ出版株式会社）
堀内　　隆（NTTブロードバンドプラットフォーム株式会社）
森　　大樹（株式会社パルコスペースシステムズ）
横田　勝彦（東京電機大学未来科学部情報メディア科）
吉野　文唯（三菱電機インフォメーションシステムズ株式会社）

パワートゥザエッジ
ネットワークコミュニケーション技術による戦略的組織論

2009年3月20日　第1版1刷発行

著　者　デヴィッド・S・アルバーツ
　　　　リチャード・E・ヘイズ

監　訳　安田　浩

　　　　学校法人　東京電機大学
発行所　東京電機大学出版局
　　　　代表者　加藤康太郎

〒101-8457
東京都千代田区神田錦町2-2
振替口座　00160-5-71715
電話　(03)5280-3433（営業）
　　　(03)5280-3422（編集）

印刷　㈱精興社
製本　渡辺製本㈱
装丁　大貫伸樹

ISBN 978-4-501-62410-1 C3050